Pocket Power

Alexandra Lindner
Peter Becker

Wertstromdesign

Praxiswissen erfolgreich anwenden

HANSER

Bibliografische Information der Deutschen Nationalbibliothek
Die Deutsche Nationalbibliothek verzeichnet diese Publikation in der Deutschen Nationalbibliografie; detaillierte bibliografische Daten sind im Internet über http://dnb.d-nb.de abrufbar.

© 2010 Carl Hanser Verlag München
http://www.hanser.de

Lektorat: Lisa Hoffmann-Bäuml
Herstellung: Ursula Barche
Umschlaggestaltung: Parzhuber & Partner GmbH, München
Umschlagrealisation: Stephan Rönigk
Gesamtherstellung: Kösel, Krugzell
Printed in Germany

ISBN 978-3-446-42189-9

Inhalt

Wegweiser

Dieses Buch wendet sich an Praktiker. Die folgenden Symbole führen Sie schnell zum Ziel:

 Dieses Symbol markiert **Anwendungstipps:** Hier erfahren Sie, wie Sie bei der Umsetzung am besten vorgehen.

 Dieses Symbol weist Sie auf weitere wichtige Aspekte hin.

1 Einleitung

WORUM GEHT ES?

Der sich in immer kürzeren Abständen wandelnde Markt macht flexibles und schnelles Reagieren notwendig – darauf sind Unternehmen und ihre Zulieferanten nicht immer und „nicht wirklich" eingestellt. Abhilfe schafft hier die Wertstrommethode, sie ist das richtige Instrument, um sämtliche Abläufe in Produktion und Dienstleistung ganzheitlich verbessern zu können.

Viele europäische und amerikanische Unternehmen sowie Berater haben in den letzten Jahrzehnten den Blick auf Toyota und die dortigen Erfolgsgeheimnisse geworfen. Methoden wie Gruppenarbeit, KVP (Kontinuierlicher Verbesserungsprozess) und Kanban kamen in den Fokus.

Seit Mitte der 1990er-Jahre suchen immer mehr Unternehmen nach Möglichkeiten, ihr Unternehmen ganzheitlich weiterzuentwickeln, weil sie erkannt haben, dass es dazu mehr braucht als nur den Einsatz einzelner Methoden. Auch hier konnte man Anleihen bei Toyota machen, genauer gesagt beim Toyota-Produktionssystem (TPS).

Die Erkenntnis, dass das Zusammenspiel von gemeinsamen Wertvorstellungen und sich ergänzenden Methoden und Leitsätzen ein Unternehmen erfolgreich machen kann, prägte den Begriff „Ganzheitliches Produktionssystem" (GPS).

Aber was macht solche Produktionssysteme erfolgreich? Darüber sind in den letzten Jahren viele Bücher geschrieben worden. Vielleicht bringt es Taiichi Ohno (erfolgreicher, ehemaliger Toyota-Manager) mit diesen zwei Sätzen auf den Punkt:

„Wir konzentrieren uns auf die **Durchlaufzeit**, und zwar von dem Moment an, in dem wir einen Kundenauftrag erhalten, bis zum Zahlungseingang. Dabei verkürzen wir diese **Durchlaufzeit**, indem wir alle Bestandteile eliminieren, die keinen Mehrwert generieren."

Also Durchlaufzeitreduzierung in den Unternehmensprozessen – und nicht nur in der Produktion – als Schlüssel zum Erfolg?

Stellen Sie sich einen Ablauf vor, den Sie gut kennen. Warum braucht er so lange? Vielleicht liegt die Auftragsmappe erst mal eine Woche beim Sachbearbeiter im Eingangskorb, weil dieser andere Prioritäten hat. Die eigentliche Bearbeitung dauert dann nur zehn Minuten und endet mit einer ergänzenden Eingabe im EDV-System. Anschließend muss die Mappe zum Chef zur Unterschrift. Dieser ist aber meist nur selten am Platz bzw. oft auf Dienstreisen, und so wartet der Auftrag wieder mehrere Tage. Inzwischen ruft vielleicht eine andere Abteilung an und fragt nach dem Auftragsstand. Sie hat ein anderes EDV-System und muss deshalb telefonisch den Sachbearbeiter ausfindig machen. Der ist beim Anruf nicht am Platz, ruft später wieder zurück. Anschließend geht er ins Sekretariat seines Chefs, um nach dem Auftrag zu fragen. Dann eilt er wieder ans Telefon und ruft die anfragende Abteilung an.

Nein werden sie sagen, das ist kein optimaler Fluss, sondern eher ein Stop-and-go-Betrieb.

> **!** Ein Wertstrom fasst alle Aktivitäten zusammen, um ein Produkt/eine Dienstleistung vom Lieferanten zum Kunden zu bringen (Bild 1). Tätigkeiten (wertschöpfend, unterstützend, nicht wertschöpfend) sowie Material- und Informationsflüsse prägen ihn.

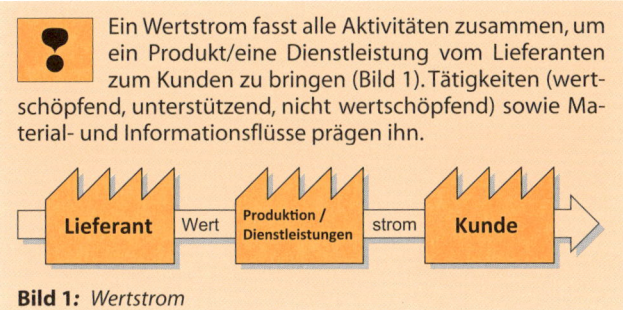

Bild 1: *Wertstrom*

WAS BRINGT ES?

> **!** Ziel der Wertstrommethode ist es, ein Unternehmen dabei zu unterstützen, dass die Fähigkeit, Material, Produkte, Dienstleistungen und Informationen durch die Prozessketten fließen zu lassen, ständig besser wird. Und dies verschwendungsarm und auf hohem Qualitätsniveau.

Häufig versteht man unter Optimierung in der Produktion vor allem das Reduzieren der Bearbeitungszeit. Dabei werden beispielsweise neue Werkzeuge eingesetzt oder technologisch bessere Maschinen gekauft. Das kann unbestritten Vorteile bringen, aber es reduziert die Gesamtdurchlaufzeit oft nur unwesentlich. Unter Wertstromaspekten stellt man sich beispielsweise die Frage, warum Werkstücke oft viele Stunden, ja Tage benötigen, bis sie zur Folgeoperation gelangen. Da wird die Hauptzeit durch ein Sonderwerkzeug um 30 Sekunden für ein Drehteil reduziert, aber es fragt keiner, warum es anschließend erst vier Tage später auf einer Schleifmaschine fertig bearbeitet werden kann. Nicht nur dass die

Auftragszeit dadurch groß wird, es muss auch viel Handling-aufwand betrieben werden (Wegfahren – Einlagern – Aus-lagern – Bereitstellen usw.).

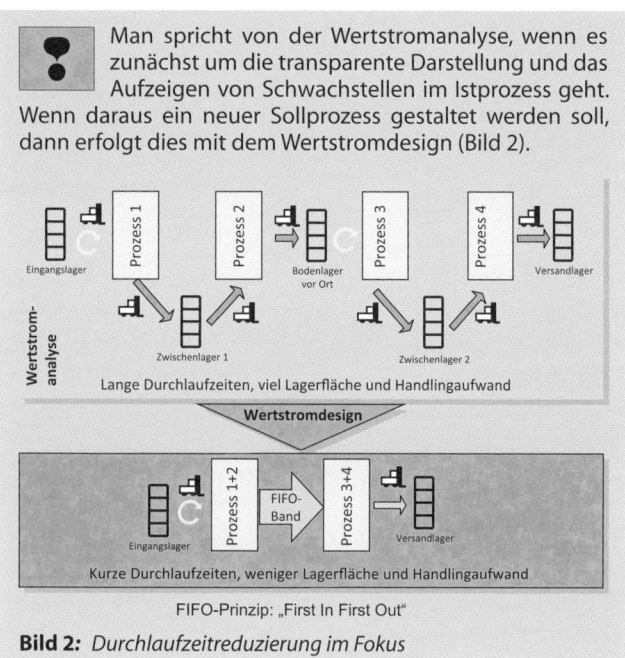

Man spricht von der Wertstromanalyse, wenn es zunächst um die transparente Darstellung und das Aufzeigen von Schwachstellen im Istprozess geht. Wenn daraus ein neuer Sollprozess gestaltet werden soll, dann erfolgt dies mit dem Wertstromdesign (Bild 2).

Bild 2: *Durchlaufzeitreduzierung im Fokus*

WIE GEHE ICH VOR?

Die Wertstrommethode ist „sehr nahe am eigentlichen Prozess", d. h., sie lebt vom Linewalk und von strukturierten Interviews mit Prozesskennern und weniger von Hypothesen der Manager, „wie Prozesse laufen oder zu laufen haben".

Wenn es darum geht, Bestände zu erfassen, dann nicht nur in das Produktionsplanungs- und Steuerungssystem (PPS-System) blicken, sondern auch vor Ort gehen. Da fällt dann beispielsweise auf, dass die Lagerbereiche gar nicht ausreichen und dass Material auf Hilfsflächen lagert. Oder dass die Sachnummern in falschen Behältern angeliefert wurden, dass die Entsorgung des Verpackungsmaterials nicht klappt usw.

Die Wertstrommethode lässt sich skaliert auf verschiedenen Ebenen einsetzen, d.h., man kann große Lieferströme zwischen Zulieferanten und Kunden genauso analysieren und optimieren wie den kleinen Ablauf auf einer Montageinsel. Auch das macht die Methode so interessant, weil man sie an einfachen Prozessen üben und sie dann mit mehr Praxiswissen bei immer komplexeren Themen anwenden kann.

Die Methode schafft nicht nur Transparenz (Bestände und Durchlaufzeiten) und zeigt Potenziale von Prozessketten auf, Wertstromregeln und Designhilfen unterstützen auch bei der Optimierung oder Neugestaltung.

 Erprobte Standards (z. B. Abläufe, Symbole, Regeln …) erleichtern den Einstieg. Es kann aber sinnvoll sein, sich zu Beginn von einer Beraterfirma, die sich auf die Wertstrommethode spezialisiert hat, unterstützen und schulen zu lassen, um dann später selbst aktiv alleine damit zu arbeiten.

Wertstromdenken ist letztlich eine Philosophie, die Unternehmen entscheidend unterstützen kann, um schnell und reaktionsfähig zu werden bzw. zu bleiben. Damit ist die Wertstrommethode auch mehr als nur ein Werkzeug, sie kann auch zum Managementinstrument werden.

Wir wünschen Ihnen viel Spaß beim Lesen dieses Pocket Power und viel Erfolg im Umfeld der Wertstrommethode. Aber vergessen Sie nicht, lesen alleine reicht nicht, erst wenn man etwas tut, dann versteht man es auch richtig – oder frei nach Laotse:

> „Sag es mir und ich werde es vergessen, zeige es mir und ich werde mich erinnern, beteilige mich und ich werde es verstehen."

2 Wertstromanalyse

WORUM GEHT ES?

Die Wertstrommethode ist zwar ein relativ neuer Begriff, aber keine neue Methode, und hat erst in den letzten Jahren besonders durch das Buch von Mike Rother (*Sehen lernen* – siehe Literaturverzeichnis) eine weite Verbreitung gefunden. Vor allem größere Unternehmen haben geschulte Mitarbeiter, die diese Methode ähnlich wie Six Sigma beherrschen und zur Optimierung von Unternehmensprozessen einsetzen.

Die Wertstromdarstellung erinnert an andere Methoden zur Prozessvisualisierung. Ihr Vorteil liegt darin, dass schnell die Zusammenhänge zwischen Prozessen, Material- und Informationsflüssen transparent werden und sich systematisch die Schwachstellen herauskristallisieren.

WAS BRINGT ES?

Die Wertstrommethode

▶ ist schnell erlernbar und ohne große Aufwände einsetzbar,

▶ ist ein für viele Zwecke anwendbares Visualisierungs- und Analysewerkzeug,

▶ ist auf den Prozessablauf und seine Durchlaufzeit fokussiert,

▶ ermöglicht das Erkennen des Zusammenspiels von Material-, Informationsfluss und Prozessen,

▶ ermöglicht eine einfache und transparente Darstellung – „one page mapping",

▶ ersetzt Vermutungen durch Zahlen und Daten und „Vor-Ort-Recherche",

▶ ist Basis für die anschließende Entwicklung eines neuen Sollprozesses (vgl. Kapitel 3).

 Eine Wertstromanalyse ist umso erfolgreicher, je transparenter der Analyseauftrag und sein Ziel sind. Es ist deshalb entscheidend für den Erfolg, dass Auftraggeber und Wertstromteam im engen Dialog stehen.

2.1   Die Vorbereitungsphase

Zur Vorbereitung der Wertstromanalyse sind folgende Dinge notwendig:

▶ Prozessauswahl,
▶ Systemgrenzen festlegen,
▶ Repräsentant(en) bestimmen (Bild 3),

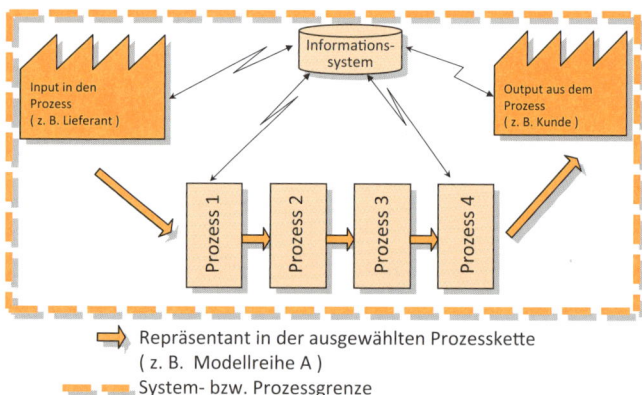

Bild 3: *Systemgrenze und Repräsentant*

▶ Linewalk und Teilnehmer auswählen,
▶ Zeitpunkt auswählen,
▶ Daten zu Repräsentanten, Materialfluss und Prozessen sammeln.

1. Prozessauswahl

Es kann eigentlich fast jeder Prozess zum Gegenstand einer Wertstromanalyse werden. Deshalb ist es genauso sinnvoll, Büro- wie auch Produktionsprozesse anzupacken, zumal diese oft eng miteinander verwoben sind.

Die Auswahlkriterien können unterschiedlich sein:

▶ Bei wenig Methodenwissen oder wenig verfügbarer Kapazität kann sich zunächst ein kleiner und einfacher Prozess anbieten.
▶ Es liegt nahe, dass man Hauptprozesse in der eigenen Wertschöpfungskette analysiert, weil dort in der Regel großes Potenzial liegt (z. B. Auftragsfluss, Produktion der Rennerteile, Entwicklungsprozesse ...).
▶ Werden die Unternehmensgrenzen verlassen, so können die Lieferströme mit den Zulieferanten in gemeinsamen Workshops und Projekten optimiert werden.
▶ Aber es kann auch viele andere Kriterien geben, beispielsweise bewusst Prozesse analysieren, die hohe Bestände oder lange Durchlaufzeiten haben oder viele Prozessschritte durchlaufen.
▶ Benchmark zwischen vergleichbaren Prozessen.
▶ Schwachstellenanalyse vor einem Reengineering-Projekt.

2. Systemgrenzen

Prozesse haben im Rahmen einer Analyse auch Grenzen und diese müssen klar vorab diskutiert werden.

Man kann beispielsweise seine Gussteile von der eigenen Gießerei, über das externe Gussputzen, Bearbeiten auf Werkzeugmaschinen bis zum Einbau in den Fokus bringen. Man kann sich aber auch nur auf den eigentlichen Gießprozess beschränken oder auch nur einen Teilprozess wie etwa das Planen, Herstellen und Einlegen von Kernen anschauen.

 Es ist wichtig, sich gezielte Grenzen für ein Wertstromprojekt zu setzen. Ist man sich hier unsicher, bietet es sich an, die Systemgrenzen eher größer zu halten, um sich zunächst einmal auf „größerer Flughöhe" einen Überblick zu verschaffen und dabei zu erkennen, wo man sinnvoll mit weiteren Wertstromanalysen ins Detail gehen sollte. Zu enge Systemgrenzen können suboptimal sein.

Optimiert man beispielsweise einen Fertigungsbereich ohne Blick über den Tellerrand, kann sich unter Umständen herausstellen, dass es wesentlich effektiver und effizienter gewesen wäre, eine ganze Ablaufkette in eine andere Abteilung zu verlagern.

 Die Prozessgrenzen sollten nicht zu eng gewählt werden, nur so ist sichergestellt, dass auch der Einfluss der vor- und nachgelagerten Bereiche berücksichtigt wird. Zu enge Betrachtungsgrenzen können ganzheitliches Optimieren erschweren.

3. Repräsentant(en) auswählen

Wenn man sich Klarheit über den ausgewählten Prozess verschafft hat, dann stellt sich oft die Frage: Welche Repräsentanten soll ich wählen bzw. auf ihrem Weg begleiten? Clusterbildung oder auch ABC-Analyse können helfen. Oft ist die

Entscheidung nicht ganz einfach. Es kann sinnvoll sein, bewusst das komplizierteste und das einfachste Modell gemeinsam auszuwählen – oder auch das typische „Durchschnittsmodell". Aber je nach Ziel kann es auch sein, dass man sich eben für die Rennermodelle entscheidet, die 75 % der Gesamtmenge ausmachen. Entscheidend ist, dass daraus dann auch verwertbare Aussagen möglich sind, die vom Auftraggeber akzeptiert werden.

> Als Repräsentant kann ein signifikantes Teil/eine Teilefamilie, ein Produkt/eine Produktfamilie, aber beispielsweise auch eine Dienstleistung dienen. Mit seiner Hilfe können Aussagen über die zu analysierende Prozesskette gemacht werden. Das Wort Modell steht hier für einen Repräsentanten aus dem Produktumfeld.

Oft kann man – beispielsweise aus Zeitgründen – nicht alle Produkte oder Dienstleistungen in der ausgewählten Prozesskette analysieren.

> Für die Bestimmung der Repräsentanten sollte genügend Zeit eingeplant werden. Clusterbildung oder ABC-Analyse können unterstützen.

4. Linewalk und Teilnehmer auswählen

Die Wertstrommethode lebt davon, dass sie „am Ort des Geschehens ist". Entsprechend sollte sich das Vorgehen an der Ablaufkette orientieren und geeignete Workshop-Teilnehmer bzw. Ansprechpartner, die auch wirkliche Prozesskenner sind, sollten bereits vorab ausgewählt werden. Wenn die umgebende Welt der Informationssysteme kompliziert und ausschlaggebend für die Transparenz der Wertstromanalyse sein kann, dann ist es sinnvoll, auch einen EDV-Experten ins Team zu holen.

 Die Route für den späteren Workshop sollte frühzeitig geplant werden und sich am Prozessablauf orientieren. Es sollten Teilnehmer bzw. Interviewpartner ausgewählt werden, die die Abläufe aus der Praxis kennen und ihr Wissen einbringen können.

Linewalk bedeutet im Zusammenhang mit der Wertstromanalyse, mit dem Team entlang der Prozesskette zu laufen, also sich „vor Ort" einen Eindruck zu verschaffen, um die Istsituation besser zu verstehen.

5. Zeitpunkt auswählen

Es ist wichtig, den richtigen Zeitpunkt auszuwählen. In der Regel lassen sich auch Prozessdaten aus Systemen verwenden oder Diskussionen und Ausarbeitungen als Ersatz für „das vor Ort nicht Sichtbare" – aber es ist eben doch etwas anderes, zu sehen, wie der Fertigungsablauf und die Versorgungslogistik in der Werkstatt wirklich sind, als „nur darüber" zu sprechen. Der Zeitpunkt sollte also so gewählt werden, dass möglichst viel von den Repräsentanten erkennbar und transparent wird.

Wertstromanalysen sind immer Momentaufnahmen! Es hat sich als sinnvoll erwiesen, dass die Räumlichkeiten für einen Workshop in der Nähe der zu analysierenden Prozesskette liegen. Der Raum sollte auch ausreichend Platz bieten und über eine geeignete Infrastruktur (Flipchart, Beamer, Moderatorenkoffer etc. …) verfügen.

6. Daten sammeln

Im Vorfeld sollten zusammen mit den Fachabteilungen relevante Daten zu Repräsentanten, Materialfluss und den Prozessen gesammelt werden. Typische Wertstromdaten können beispielsweise die Anzahl der Aufträge der Repräsentanten sein, die dazugehörigen Durchlaufzeiten und Bestände, die notwendigen Prozessschritte und die dazu geplanten Einzel- und Rüstzeiten.

In den Bürobereichen gibt es oftmals weniger Grunddaten als in der Werkstatt, in der meist eine ausgeprägtere Auftragssteuerung und Zeitwirtschaft vorhanden ist. Aber grundsätzlich gilt, ein Eindruck vor Ort ist oft wichtiger als Grunddaten. So manche Vorgabezeit stimmt nicht oder die Mitarbeiter arbeiten anders, als es der Plan vorgibt.

Last, not least. Es sollten frühzeitig Vorgesetzte und Teilnehmer informiert werden. Um Probleme oder unnötige Fragen zu vermeiden, sollte auch der Betriebsrat eingebunden werden.

2.2 Der Ablauf

Wertstromanalysen können in unterschiedlichster Form durchgeführt werden. In der Praxis haben sich zwei- bis dreitägige Workshops in Teams von ca. fünf bis zehn Teilnehmern bewährt.

Der Moderator stellt die Fragen zu den Prozessen und dem Materialfluss und ist erfahren im Umgang mit der Wertstrommethode.

Typische Ablaufschritte einer Wertstromanalyse

1. Einführung/Teamfindung/Aufgabenverteilung.
2. Aufnahme der Prozesse und Materialflüsse vor Ort, Interviews und Daten aus dem System ergänzen das Bild.
3. Dabei auch erkannte Mängel und Schwachstellen aufnehmen (Kaizen-Blitze).
4. Prozesse und Materialflüsse abbilden, z. B. mittels Brown Paper auf Pinnwänden.
5. Informationsflüsse auf Abbildung ergänzen.
6. Kaizen-Blitze auf Abbildung eintragen.
7. Zusammenfassung der Ergebnisse (Summary).
8. Mögliche Handlungsfelder zusammenstellen.
9. Präsentation/Diskussion der Ergebnisse mit dem Management.
10. Aufgabenpakete zuordnen und systematisch abarbeiten.

Der Moderator erklärt zu Beginn des Workshops den Teilnehmern Ziele und Ablauf der Wertstrommethode. Die Teilnehmer kommen in der Regel aus verschiedenen Bereichen (Werkstatt, Büro), sie brauchen zur Teamfindung also ausreichend Zeit.

 Teamspirit ist wichtig für den Workshop-Erfolg. Es sollte darauf geachtet werden, dass alle Teilnehmer ihre Beiträge einbringen können.

Bevor ein Linewalk entlang der Prozesskette gemacht werden kann, müssen die Aufgaben verteilt werden:

▶ **Aufnehmer der Prozesse** dokumentiert, kann dazu Hilfsmittel nutzen (Vordrucke …).
▶ **Aufnehmer Kaizen-Blitze** dokumentiert die Probleme und Schwachstellen, die den Teilnehmern beim Durchlauf auffallen.

▶ **Aufnehmer Informationssysteme** dokumentiert verwendete Systeme und Vorlagen.

▶ „**Fotograf**" macht Bilder vom Durchlauf, dokumentiert beispielsweise markante Bereiche wie Lagerflächen, Schlüsselmaschinen, Problemstellen … („ein Bild sagt ja bekanntlich mehr als viele Worte").

Die Prozesskette sollte möglichst an einem Stück durchlaufen werden. Es wird oft empfohlen, dass man am Prozessende beginnen und ihn rückwärts durchlaufen sollte. Aber es kann auch umgekehrt sinnvoll sein, vor allem wenn man die Abläufe nicht kennt und es einem logischer erscheint, den eigentlichen Entstehungsprozess abzulaufen. Beim Durchlauf (visuell) und im Gespräch mit den Mitarbeitern vor Ort können die Informationen aufgenommen und die einzelnen Prozesse mit ihren signifikanten Daten erfasst werden.

Typische Prozessdaten

▶ Bearbeitungszeit,
▶ Rüstzeit/Auftrag,
▶ Maschinenverfügbarkeit,
▶ Losgröße,
▶ verfügbare Arbeitszeit,
▶ Anzahl der Mitarbeiter,
▶ Fehlerraten,
▶ Rückfragequoten.

 Die Material- und Auftragsbestände sollten vor, in und nach den Prozessen erfasst werden. Wo dies nicht direkt möglich ist, sollten die Daten mit Daten aus den Systemen, z.B. Produktionsplanungs- und Steuerungssystem (PPS-System), ergänzt werden.

Typische Daten zum Materialfluss

- Anzahl Aufträge,
- Bestände vor, in und nach einem Prozess,
- Transporte/Transportmittel,
- Handlingstufen,
- Durchlaufzeiten etc.

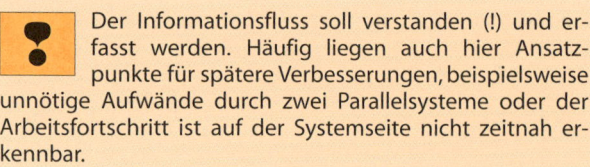

Der Informationsfluss soll verstanden (!) und erfasst werden. Häufig liegen auch hier Ansatzpunkte für spätere Verbesserungen, beispielsweise unnötige Aufwände durch zwei Parallelsysteme oder der Arbeitsfortschritt ist auf der Systemseite nicht zeitnah erkennbar.

Typische Daten zum Informationsfluss

- Kommunikation in der Prozesskette (wer, wann, wo, wie, mit wem …?).
- Wie oft muss zurückgefragt werden (Rückfragequote)?
- Rückmeldepunkte/Prozessstatus
- Eingesetzte Haupt- und Subsysteme (z. B. PPS-System SAP und abteilungsinterne Access-Datenbank).
- Weitere eingesetzte Medien (Mail, Telefon, Formulare, Auftragsmappen, Laufkarten …).

In den Interviews bzw. Gesprächen mit den Mitarbeitern werden die typischen Wertstromfragen gestellt (vgl. auch Anlage 3).

Typische Fragen in den Interviews

- Woher haben Sie Ihren Auftrag und wie melden Sie ihn ab?
- Wie heißt der Prozess und wie lange dauert er?

▶ Mit welchen Losgrößen wird produziert?
▶ Wie lange dauert das Umrüsten?
▶ Wie oft müssen Sie im Vorgängerprozess zurückfragen?
▶ Welche Informationsmedien verwenden Sie?
▶ Welche Schwachstellen sehen Sie im Istablauf?

Anschließend wird der Wertstrom im Team auf Brown Paper entwickelt. Zuerst werden die einzelnen Prozesskarten geschrieben und in der richtigen Reihenfolge angepinnt. Dann werden die Materialflüsse und Bestände eingezeichnet, anschließend die dazugehörige Informationswelt und die erkannten Schwachstellen (sogenannte Kaizen-Blitze). Auf die Symbole wird im Folgekapitel eingegangen. Zum Schluss werden die Bearbeitungszeiten der einzelnen Prozesse eingetragen und die Durchlaufzeiten, daraus wird transparent, wann am Auftrag gearbeitet wurde bzw. wann es keine Wertschöpfung gab. Wenn es keine Planzeiten gibt, dann die beobachteten oder Expertenschätzungen der Teammitglieder verwenden bzw. nach dem Workshop Daten ermitteln lassen.

Entwickeln des Wertstrombildes (Bild 4)

1. Am Prozessende Kunden einzeichnen.
2. Analog am Prozessanfang die Lieferanten.
3. Prozesskarten (Name, Zeiten, Anzahl Mitarbeiter, …) ausfüllen und Prozesse in Reihenfolge der Prozesskette „anpinnen".
4. Materialflüsse einzeichnen (Lager, Bestände, Transporte …).
5. Informationssysteme entlang der Prozesskette ergänzen.
6. Schwachstellen nummerieren und als sogenannte Kaizen-Blitze anpinnen.
7. Unter dem Wertstrom Bearbeitungs- und Durchlaufzeiten ergänzen.

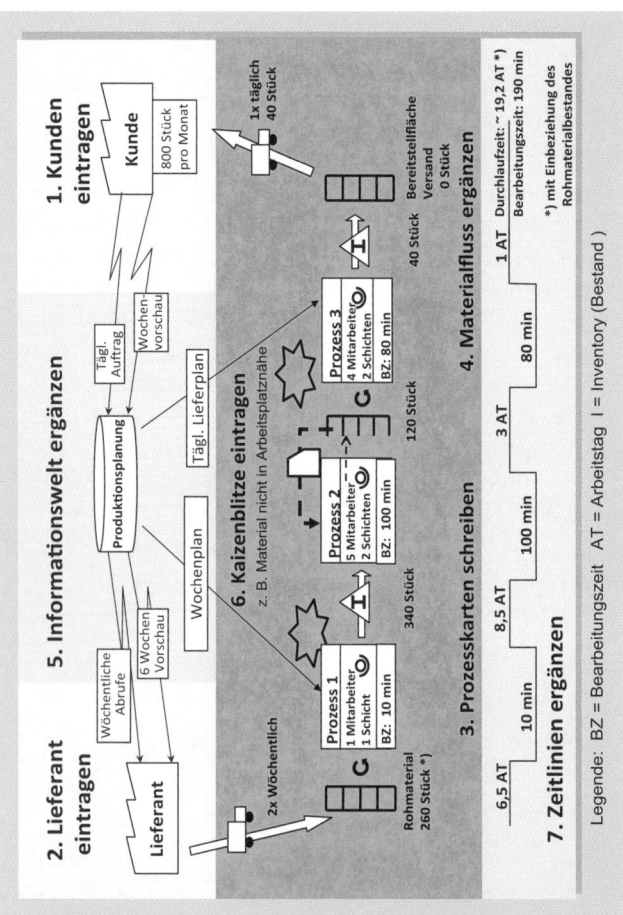

Bild 4: *Entwickeln des Wertstrombildes*

1. Kunden eintragen

2. Lieferant eintragen

3. Prozesskarten schreiben

4. Materialfluss ergänzen

5. Informationswelt ergänzen

6. Kaizenblitze eintragen
z. B. Material nicht in Arbeitsplatznähe

7. Zeitlinien ergänzen

Kunde
800 Stück pro Monat

1x täglich
40 Stück

Bereitstellfläche
Versand
0 Stück

Täglicher Auftrag

Wochenvorschau

Produktionsplanung

Tägl. Lieferplan

Wochenplan

Wöchentliche Abrufe

6 Wochen Vorschau

Lieferant

2x Wöchentlich

Rohmaterial
260 Stück *)

Prozess 1
1 Mitarbeiter
1 Schicht
BZ: 10 min

340 Stück

Prozess 2
5 Mitarbeiter
2 Schichten
BZ: 100 min

120 Stück

Prozess 3
4 Mitarbeiter
2 Schichten
BZ: 80 min

40 Stück

Durchlaufzeit: ~ 19,2 AT *)
Bearbeitungszeit: 190 min

*) mit Einbeziehung des Rohmaterialbestandes

6,5 AT | 10 min | 8,5 AT | 100 min | 3 AT | 80 min | 1 AT

Legende: BZ = Bearbeitungszeit AT = Arbeitstag I = Inventory (Bestand)

Anschließend macht das Team eine Zusammenfassung dessen, was man im Workshop erkannt hat unter Einbeziehung der Kaizen-Blitze (Summary). Es folgt eine Zusammenstellung möglicher Handlungsfelder für weitere Workshops oder ein Projekt, z. B. Reduzierung von abteilungsinternen Subsystemen oder Analyse der hohen Rückfragequoten (Bild 5).

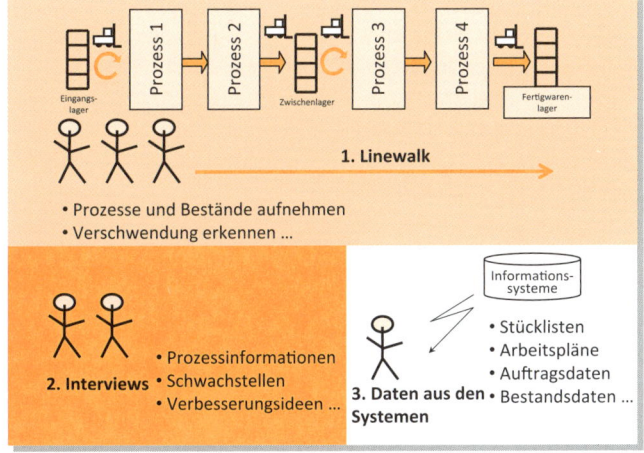

Bild 5: *Die unterschiedlichen Informationen sollten sich optimal zu einem Gesamtbild ergänzen*

Zum Schluss werden die Ergebnisse von den Teammitgliedern dem zuständigen Management vorgestellt und wird die weitere Vorgehensweise abgestimmt. Wichtig ist, dass nach dem Workshop die erkannten Schwachstellen zügig beseitigt und die Potenziale auch ausgeschöpft werden.

Nichts ist frustrierender als gute und interessante Ergebnisse, die dann „nach kurzer Euphorie in der Ablage verschwinden".

2.3   Exkurs: Verschwendung

WORUM GEHT ES?

Verschwendung ist es, wenn die Ressourcen nicht richtig eingesetzt bzw. verwendet werden. Beim Gang durch Büros und Fabrikhallen arbeiten vielleicht alle Mitarbeiter sehr intensiv und emsig. Aber wenn man genauer schaut, dann fragt man sich: Warum muss das Material noch einmal weggefahren werden? Warum muss die Vorrichtung oder die Arbeitsunterlage aus einem weit entfernten Regal geholt werden? Warum verlässt der Montagewerker ständig seinen Arbeitsplatz und kann nicht kontinuierlich an seinem Produkt arbeiten? Nicht alles, was nach Wertschöpfung aussieht, ist es auch! Wertschöpfung kommt von „Werte schaffen" – beispielsweise in Form von Produkten oder Dienstleistungen, für die der Kunde bereit ist, zu bezahlen. Wenn ein anderes Unternehmen mit weniger Aufwand das gleiche Produkt herstellen kann, dann hat es Wettbewerbsvorteile.

Analysiert man Aktivitäten, so kann man in der Regel drei Arten von Tätigkeiten unterscheiden:

Wertschöpfende Tätigkeiten

Wertsteigerungen können in einem Industriebetrieb u. a. durch Konstruieren, Be- und Verarbeitung erreicht werden – Beispiele:

- Blech stanzen,
- Teil drehen,
- Baugruppe konstruieren,
- Getriebe montieren und einstellen.

Unterstützende (wertermöglichende) Tätigkeiten

Wertermöglichende Tätigkeiten sind für den Wertschöpfungsprozess unterstützend notwendig, aber stellen keine Wertschöpfung dar. Beispiele hierfür sind:

- Bearbeitungszentrum umrüsten,
- Teile an die Maschine bringen,
- Zeichnungen holen,
- Rechner hochfahren,
- Absprache mit Kollegen.

Verschwendung

Alle Aktivitäten, die für die Wertschöpfung nicht notwendig sind und Ressourcen verschwenden, beispielsweise

- hohe Rückfragequote, weil Informationen fehlen,
- Warten auf die Stapleranlieferung,
- Suchen der Stanzvorrichtung,
- vermeidbarer Doppelaufwand in einem Prozess.

WAS BRINGT ES?

Der Wertschöpfungsanteil ist oft klein. Hohe Zeitaufwände für unterstützende Tätigkeiten und viele, oft schnell erkennbare Verschwendungen weisen auf Potenziale bzw. Probleme in der Prozessgestaltung und -abwicklung hin. Alle drei Tätigkeitsarten müssen bei Optimierungen fokussiert werden (Tabelle 1).

Tätigkeitsart	Beispiele für Optimierung
Wertschöpfung verbessern	Hauptzeiten durch neue Werkzeuge reduzieren Wirtschaftlichere Technologien einsetzen
Unterstützende Tätigkeiten	Rüst-Workshops Vorrichtungsoptimierung
Verschwendung	Linien besser austakten Handlingstufen reduzieren Laufwege verkürzen Material und Werkzeuge in „Griffweite" des Werkers bringen

Tab. 1: *Zentrale Tätigkeitsarten bei Optimierungen (siehe auch Pocket Power „Prozessoptimierung", Bilder 14 und 15)*

WIE GEHE ICH VOR?

Aus den Lean-Ansätzen des Toyota-Produktionssystems leiten sich die bekannten sieben Arten der Verschwendung (Muda) ab:

▶ **Überproduktion (overproduction):** Es wird produziert, ohne dass ein Bedarf besteht. Überproduktion zieht viele andere Probleme nach sich, z. B. große Lagerflächen und hohe Bestände.

▶ **Bestände (inventory):** Bestände sind für den Produktionsbetrieb notwendig, aber auch gebundenes Kapital. Eine große Gesamtdurchlaufzeit bringt auch hohe WIP-Bestände (WIP = work in process) mit sich.

▶ **Materialbewegungen und Transporte (material movement):** Die Gefahr von Beschädigungen und falscher Verteilung des Materials wächst. Viele Handlingstufen können ein Hinweis auf schlecht geplante Prozesse sein.

▶ **Wartezeiten (waiting):** Vermeidbare Material-, Maschinen- und Mitarbeiterwartezeiten, oft auch ein Zeichen, dass nicht synchron gearbeitet wird.

▶ **Arbeitsprozesse (processing):** Verschwendung in Prozessen gibt es in vielen Formen. Beispielsweise, wenn die Leistungsfähigkeit von Maschinen und Anlagen nicht ausgenutzt wird, Prozesse falsch abgetaktet sind.

▶ **Bewegungen (motion):** Mitarbeiter bewegen sich oft unnötig, haben große Laufwege und können nicht kontinuierlich bei ihrer wertschöpfenden Arbeit bleiben. Häufig sind die Werkzeuge und Materialien nicht griffbereit angeordnet.

▶ **Fehler und Korrekturen (correction):** Behindern den Arbeitsfluss, verärgern den Kunden und zeigen, dass die Prozesse nicht stabil sind.

Weiter werden genannt:

▶ **Qualifikation der Mitarbeiter:** Wissen und Fähigkeiten der Mitarbeiter werden wenig genutzt.

▶ **Sicherheitsbedingungen:** unsichere oder gesundheitsgefährdende Arbeitsbedingungen, die zu Fehlzeiten der Mitarbeiter führen.

▶ **Demotivierendes Arbeitsklima**, das zu innerer Kündigung und „Dienst nach Vorschrift" führt.

Eine einfache Leitlinie, wie beispielsweise eine „verschwendungsarme" Logistik aussehen kann, geben die bekannten „5-R-Regeln" – hier eine Version davon:

Das richtige Objekt zum richtigen Zeitpunkt in der richtigen Quantität und Qualität, versehen mit den richtigen Informationen am richtigen Ort, zu minimalen Kosten bereitstellen.

3   Wertstromdarstellung

3.1   Symbole im Wertstrom

WORUM GEHT ES?

In diesem Kapitel werden die Symbole der Wertstromdarstellung vorgestellt und erläutert (siehe auch Anlage 5).

WAS BRINGT ES?

Der gesamte Aufbau des Bild 4 (Entwickeln des Wertstrombildes) wird inhaltlich aufbereitet, um die Darstellung im Einzelnen zu verstehen.

WIE GEHE ICH VOR?

Die Wertstromdarstellung beginnt beim Kunden und seinen Anforderungen. Dies gilt sowohl für externe Kunden als auch für interne Kunden. Das Symbol für den Kunden ist die Fabrik (Bild 6). Die Kundenanforderungen werden in Datenfeldern spezifiziert, z. B. Bedarf pro Monat oder Anzahl Lieferungen.

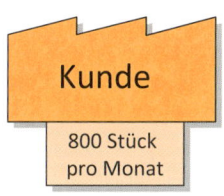

Bild 6: *Die Wertstromdarstellung beginnt beim Kunden*

Ein breiter Pfeil und in diesem Fall ein Lkw stehen für den Transport von Gütern zum Kunden. Zusätzlich kann angegeben werden, welche Menge wie oft transportiert wird (Bild 7). Anstelle des Lkw-Symbols kann ebenso ein Symbol für einen Zug, ein Flugzeug oder ein anderes Transportmittel verwendet werden.

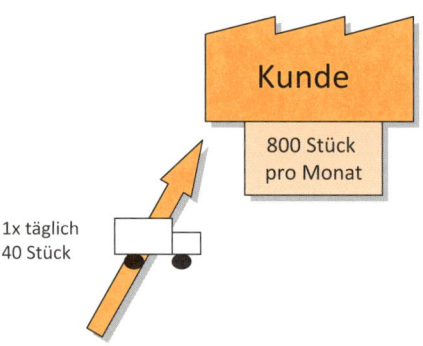

Bild 7: *Der Transport zum Kunden*

Die dargestellten Symbole werden analog auch für Lieferanten bzw. wo vorhanden für externe Herstellungsprozesse verwendet.

Im nächsten Schritt werden die relevanten **Prozesse** in Prozesskästen dargestellt (Bild 8).

 Damit die Zeichnung nicht schnell unübersichtlich wird, ist zu beachten, dass üblicherweise in einem Prozesskasten voneinander abgrenzbare Prozessschritte mit einem am Prozessende zum Stehen kommenden Materialfluss abgebildet werden.

Bild 8: *Prozesse werden in Prozesskästen dargestellt*

Zum Beispiel kann man einen Montageprozess mit mehreren aneinandergereihten Montagestationen ohne Transportvorgänge in einem Prozesskasten zusammenfassen.

Die näheren Angaben zum Prozess werden in Datenfeldern im Prozesskasten festgehalten. Dies können wie in unserem Beispiel z. B. die Anzahl der beschäftigten Mitarbeiter im Prozess, das Schichtmodell und die Bearbeitungszeit sein. Die Mitarbeiter können mit einem Mitarbeitersymbol dargestellt werden.

Wichtige Prozessgrößen im Wertstrom (Auswahl)

▶ Zykluszeit (ZZ): benötigte Zeit zwischen der Fertigstellung eines Teils und der Fertigstellung des nächsten Teils im gleichen Prozess,

▶ Bearbeitungszeit (BZ): benötigte Zeit für ein Teil, um den kompletten Prozess zu durchlaufen, ohne Liegezeiten,

▶ Wertschöpfungszeit (WZ): tatsächlich wertschöpfende Bearbeitungszeit in einem Prozess (siehe Kapitel 2.3 „Exkurs: Verschwendung"),

▶ Durchlaufzeit (DZ): benötigte Zeit für ein Teil, um die gesamte Prozesskette zu durchlaufen, inklusive Liegezeiten,

▶ Rüstzeit (RZ): benötigte Zeit, um die Produktion von einem Teil auf ein anders Teil umzustellen,

▶ Anzahl der beschäftigten Mitarbeiter im Prozess,

▶ Schichtmodell,
▶ verfügbare Arbeitszeit abzüglich Pausen (VA),
▶ Anzahl der Produktvarianten,
▶ Maschinenverfügbarkeit (MV),
▶ Losgröße/Every Part Every Interval (EPEI),
▶ Behältergröße (für Fertigteile),
▶ Ausschussrate (AR),
▶ Nacharbeitungsrate (NAR),
▶ Rückfragequote.

Die Prozesskästen werden entsprechend der Reihenfolge des Produktionsablaufs eingezeichnet (Bild 9).

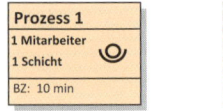 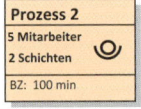 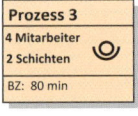

Bild 9: *Die Darstellung erfolgt analog zum Produktionsablauf*

Als Nächstes wird der **Materialfluss** entlang der Prozesskästen eingezeichnet. Dadurch wird unter anderem sichtbar, wo der Materialfluss zum Stehen kommt und sich Bestände bilden (Bild 10).

 Bestände vor bzw. nach einem Prozess werden mit einem Warndreieck dargestellt. Das „I" steht für das englische Wort „inventory", was „Bestand" bedeutet.

Unter dem Bestandssymbol werden Bestandsdaten, z. B. die durchschnittliche Bestandsmenge (Teile, Aufträge usw.) oder die Reichweite in Tagen, angegeben.

Ein Supermarkt ist ein kleiner kontrollierter Puffer in der

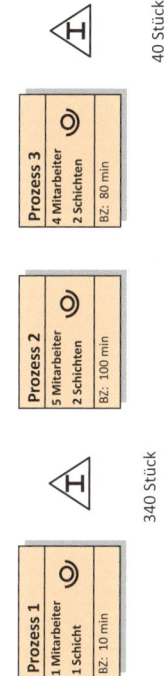

Bild 10: *Der Materialfluss wird entlang der Prozesskästen eingezeichnet*

Nähe des Verbrauchers, und soll einen kontinuierlichen Fluss ermöglichen, der beispielsweise bei stark unterschiedlichen Taktzeiten nicht gewährleistet ist.

Der Bestand in einem Supermarkt z. B. enthält einen vorgelagerten Prozess zur Produktionssteuerung. Daraus erfolgt eine Entnahme, ein „Material-Pull" von Prozess 3. Der Produktions-Kanban (Kanban = japanisch für Karte) arbeitet beispielsweise mit einer Karte oder einem anderen Signal, das für Prozess 2 die Erlaubnis darstellt, eine gegebene Losgröße/ Menge von einem gegebenen Teil/Produkt zu produzieren und den Supermarkt wieder zu befüllen (Bild 11).

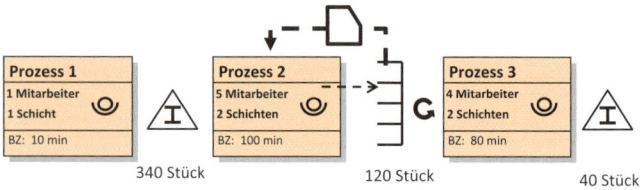

Bild 11: *Definierte „Material-Pulls"*

In unserem Beispiel ist der Pufferbestand für das Rohmaterial und die Bereitstellfläche im Versand eingezeichnet (Bild 12).

Der Materialfluss zwischen den Prozessen wird immer dann durch einen Push-Pfeil gekennzeichnet, wenn Material nach einem Produktionsplan produziert und danach weitergegeben wird (Bild 13). Dies ist meistens nicht mit dem nachgelagerten Prozess synchronisiert und geschieht oft, bevor der nächste Prozess es eigentlich benötigt.

Ein sogenannter FIFO-Materialfluss („First In First Out") stellt den Transfer festgelegter Materialmengen zwischen den Prozessen in der FIFO-Reihenfolge dar (Bild 14). Der maximale Bestand ist begrenzt (FIFO-Bahn ist gefüllt).

Schließlich kann analog zum Lkw-Symbol bei externen Transporten für interne Transporte z. B. ein Stapler oder ein Kran als zusätzliche Information angefügt werden (Bild 15).

Die Analyse von **Steuerung und Informationsfluss** bedeutet die Beantwortung der Frage, was die einzelnen Pro-

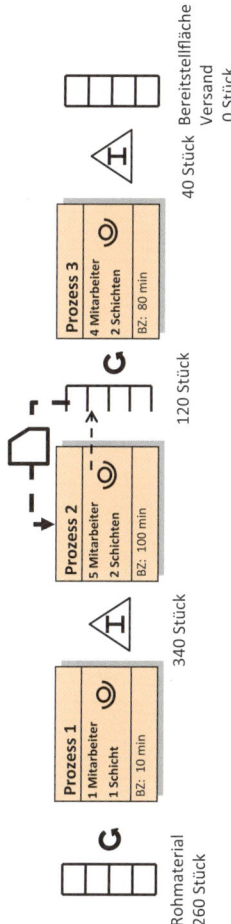

Bild 12: *Darstellung von Pufferbestand und Bereitstellfläche im Versand*

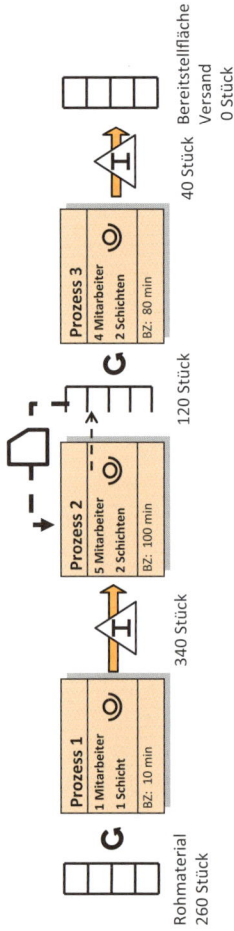

Bild 13: *Pfeile verdeutlichen den Materialfluss*

Bild 14: *First In First Out: Transfer festgelegter Materialmengen*

Bild 15: *Zusätzliche Informationen durch weitere Symbole*

zesse auslöst bzw. ihr Programm bestimmt. Typisch für konventionelle Produktionsstrukturen sind zentral gesteuerte Prozesse, z. B. durch ein Produktionsplanungssystem.

Ein schmaler, gerader Pfeil steht für einen manuellen Informationsfluss, z. B. auf Papier. Ist dieser Pfeil mit einem Blitz versehen, dann fließt die Information auf elektronischem Wege. In einer kleinen Box wird die Art des Informationsflusses beschrieben (Bild 16).

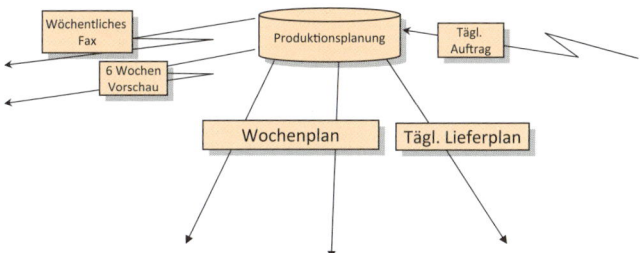

Bild 16: *Manueller und elektronischer Informationsfluss*

Die manuelle Erfassung oder Weitergabe von Daten wird „Go see"-Planung genannt und mit dem Brillensymbol dargestellt (Bild 17; oft Meister- oder Disponentenbrille).

Bild 17: *„Go see"-Planung: Darstellung mittels Brillensymbol*

Wo keine Fließproduktion möglich ist, werden oft Supermarkt-Pull-Systeme eingesetzt. Der Produktions-Kanban arbeitet dabei mit einer Karte oder einem anderen Signal, das die Erlaubnis darstellt, eine gegebene Losgröße/Menge von einem gegebenen Teil zu produzieren. Dieses Signal kann auch eine Kanban-Information per System sein (E-Kanban).

Beim Entnahme-Kanban weist eine Karte oder Vorrichtung den Materialbereitsteller an, Teile zu entnehmen. Die gestrichelte Linie zeigt den Weg des Kanban an. Der Signal-Kanban signalisiert, dass z. B. im Supermarkt ein Nachversorgungspunkt erreicht wurde und eine weitere Losmenge produziert werden muss. Beim Kanban, der in Losmengen ankommt, werden Kanban-Karten gesammelt und dann in Losmengen weitergegeben (Ausgleichskasten).

Der Kanban-Posten ist ein Ort, an dem z. B. Kanban-Karten eingesammelt werden. Die Heijunka-Box ist ein Hilfsmittel, um Losmengen von Kanban einzufangen und Produktionsvolumen und Typenmix über einen bestimmten Zeitraum auszugleichen (Bild 18).

Bei der Wertstromanalyse werden die unterschiedlichsten Schwachstellen auffallen. Diese werden mit sogenannten Kaizen-Blitzen in der Wertstromdarstellung festgehalten. Ein **Kaizen-Blitz** steht entweder für eine Schwachstelle bzw. eine

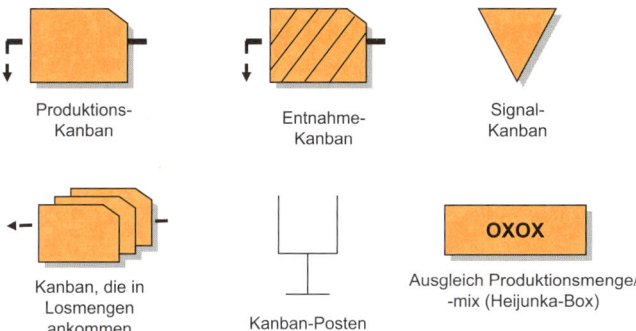

Bild 18: *Darstellung unterschiedlicher Supermarkt-Pull-Systeme*

Verschwendung im Prozess oder für eine spezifische Prozess-verbesserung, die notwendig ist, um später den Sollzustand des Wertstroms zu realisieren (Bild 19).

Bild 19: *Kaizen-Blitz: Darstellung von Schwachstelle, Verschwendung oder Verbesserung*

Zur Darstellung der Auftragsdurchlaufzeit und der Gesamtbearbeitungszeit wird eine **Zeitlinie** aufgezeichnet (Bild 20).

Bild 20: *Zeitlinie: Darstellung der Auftragsdurchlaufzeit und der Gesamtbearbeitungszeit*

Die Durchlaufzeit ist die benötigte Zeit für ein Teil, um die gesamte Prozesskette vom Erhalt des Rohmaterials bis zur Auslieferung an den Kunden zu durchlaufen, inklusive Liegezeiten. Die Durchlaufzeit für jedes Bestandsdreieck bzw. Lager wird berechnet, indem die Bestandsmenge durch den täglichen Kundenbedarf dividiert wird: z. B. 260 Stück Rohmaterial dividiert durch 40 Stück Kundenbedarf pro Tag ergibt eine Durchlaufzeit von 6,5 Arbeitstagen für den Rohmaterialbestand vor dem Prozess 1.

Durch das Aufaddieren aller Bestands- und Prozessdurchlaufzeiten erhält man die gesamte Auftragsdurchlaufzeit. Ebenso erhält man durch das Aufaddieren der Bearbeitungszeiten aller Prozesse die Gesamtbearbeitungszeit.

3.2   Wertstromquotient

Der Wertstromquotient (WQ) dient als Kennzahl für die Güte des Wertstroms. Er beschreibt das Verhältnis zwischen der Auftragsdurchlaufzeit (DLZ) und der Gesamtbearbeitungszeit (BZ).

WQ = DLZ : BZ

Die Auftragsdurchlaufzeit wird anhand der durchschnittlichen Kundenabnahmen berechnet, bezogen auf die bestehenden Bestände (siehe Kapitel 3.1 „Zeitlinie"). Die Gesamtbearbeitungszeit wird durch das Aufaddieren der Bearbeitungszeiten aller Prozesse ermittelt.

Der Wertstromquotient zeigt auf, in welchem Umfang das Fließprinzip realisiert ist. Die Änderung des Wertstromquotienten beschreibt die Verbesserung oder die Verschlechterung des Wertstroms. Steigt der Wertstromquotient, dann verschlechtert sich der Wertstrom, sinkt er, dann verbessert sich der Wertstrom.

 Ein hoher Wertstromquotient ist in der Regel ein Indikator für hohe Durchlaufzeiten bzw. hohe Bestände im Prozess.

In diesem Zusammenhang wird auch vom sogenannten Flussgrad gesprochen. In der Literatur wird zum Teil für den gleichen Begriff auch der Kehrwert verwendet.

3.3 Kaizen-Blitze

Es gibt viele, teilweise ungeahnte Möglichkeiten zu Prozessverbesserungen. Typische Ansatzpunkte zur Eliminierung von Schwachstellen bzw. Verschwendung sowie für Prozessverbesserungen, kurz für Kaizen in der Produktion sind:

▶ Bestände vor, in und nach Prozessen,
▶ hoher Steuerungsaufwand und „verlorener Bezug" zum Kundenauftrag,
▶ „Go see"-Prinzip und lokale Reihenfolgenbildung und Optimierung,
▶ Zykluszeiten sind nicht synchron,
▶ unterschiedliche Planungsvorgaben/-strategien (Losgrößenbildung, Schichtbetrieb …),
▶ unnötiger und hoher Transport- (z.B. zwischen Prozessen) und Entnahmeaufwand,
▶ lange Warte- und Liegezeiten vor und nach Prozesszeiten,
▶ Verschwendung in den Prozessen (Rüstaufwand, kein Best Point, Vorrichtungsgestaltung …).

Typische Ansatzpunkte für das Kaizen im Büro sind:

▶ geringe Kundenorientierung (hohe Rückfragequoten, schwankende DLZ, kein Feedback bei Abweichungen, keine klaren Vorgaben für In- und Output …),
▶ viele Schnittstellen in den Prozessen,
▶ es existiert keine Kapazitätsplanung/-transparenz,
▶ Standards sind nicht vorhanden oder werden nicht eingehalten,
▶ meist sind Sub-/Hilfssysteme vorhanden (Excel-Dateien auf lokalen Festplatten …),
▶ es gibt keine Kennzahlen und Messgrößen, Daten sind zwar häufig vorhanden (IT), werden aber nicht genutzt.

Eine gute Möglichkeit, die Bearbeitung von Kaizen-Blitzen strukturiert durchzuführen, besteht in der Nutzung der PULM-Vorlage (Anlage 6). PULM steht dabei für Problem-Ursache-Lösung-Maßnahmen. Das gemeinsame Ausfüllen der Vorlage im Wertstrom-Workshop bietet große Chancen, dass die Kaizen-Blitze auch tatsächlich bearbeitet werden.

 Besonders zu beachten ist dabei eine Potenzialabschätzung der Maßnahme(n) in Euro sowie die Festlegung von Verantwortlichem und Termin.

3.4 Hilfsmittel

Nachfolgend wird eine Auswahl an Hilfsmitteln rund um den Wertstrom vorgestellt:

▶ Checkliste zur Vorbereitung eines Wertstrom-Workshops (siehe Anlage 1),

▶ beispielhafte Agenda zur Durchführung eines dreitägigen Wertstrom-Workshops (siehe Anlage 2),

▶ Fragestellungen zur Datenaufnahme bei einer Wertstromanalyse (siehe Anlage 3),

▶ Prozessdaten-Aufnahmeblatt (siehe Anlage 4) für den Linewalk vor Ort,

▶ Übersicht der wesentlichen Wertstromsymbole (siehe Anlage 5),

▶ PULM-Vorlage zur Bearbeitung der Kaizen-Blitze (siehe Anlage 6),

▶ die sieben Arten der Verschwendung (siehe Kapitel 2.3).

 Zur grafischen Darstellung eines Wertstroms bieten sich vor allem Microsoft Office Visio und Microsoft Office PowerPoint an.

4   Wertstromdesign

WORUM GEHT ES?

Im Rahmen der Wertstromanalyse wird der Grundstein für eine erfolgreiche Sollprozessgestaltung gelegt: Alle Prozessbeteiligten haben bei der Erstellung des Wertstrombildes und den dabei stattgefundenen wertvollen Diskussionen ein tiefes, gemeinsames Verständnis über den gesamten Istablauf des Prozesses mit seinen Stärken und vor allem mit seinen Schwächen entwickelt. Nun müssen die Prozessbeteiligten festlegen, wie sie zukünftig in diesem Prozess arbeiten wollen.

WAS BRINGT ES?

Bei der Erstellung eines Sollablaufs spielen die Ziele und die Rahmenbedingungen eine wesentliche Rolle. Es gibt nicht nur den **einen** Soll-Wertstrom, denn dieser ist immer von den Zielen und Rahmenbedingungen abhängig.

Der häufige Auftrag „Optimieren Sie den Prozess" birgt für jeden Workshop meist Probleme oder positiv gesagt Herausforderungen. Denn bei jedem Prozess gibt es etliche sinnvolle Möglichkeiten, den Prozess zu verbessern. Die Erfahrung zeigt: Je offener der Auftrag formuliert ist, umso langwieriger ist die Sollprozessgestaltung und umso größer ist das Risiko aus Sicht des Auftraggebers, in die falsche Richtung zu optimieren. Häufig ist es für den Auftraggeber schwierig, möglichst konkrete Ziele im Vorfeld der Wertstromanalyse zu formulieren.

Idealerweise stehen diese Ziele bereits frühzeitig fest. Dann kann man sich z. B. bei der Wertstromanalyse auf die Elemente beschränken, die für die Ziele relevant sind. Spätestens nach der Istanalyse müssen die für alle Workshop-Beteiligten verständlichen und eindeutigen Ziele feststehen, weil nur dann die „kreative" Sollprozessgestaltung zielorientiert durchgeführt werden kann.

1. Je besser die Auftragsklärung ist, desto zügiger und zielorientierter verlaufen der Wertstrom-Workshop und insbesondere das Wertstromdesign.
2. Sind die Ziele des Auftraggebers eher offen formuliert, ist es sinnvoll, vor einem Wertstromdesign gemeinsam mit den Workshop-Teilnehmern maximal drei konkretere Ziele festzulegen.

Beispiele für Ziele:

▶ Reduzierung der Durchlaufzeit um 20 %,
▶ Reduzierung der Bearbeitungszeit um 10 %,
▶ Verringerung der Anzahl der verwendeten IT-Systeme.

Genau wie bei den Zielen hilft das Wissen über die wesentlichen Rahmenbedingungen allen Workshop-Teilnehmern, die vorhandenen Möglichkeiten und Einschränkungen abzuschätzen und dementsprechend „diskussionsärmer" zum Ziel zu kommen:

▶ Findet der Wertstrom-Workshop z. B. im Vorfeld einer Investition statt? Das heißt, können z. B. rüstfreundlichere Maschinen bestellt oder die Standorte der Maschinen und die dazugehörige Logistik verändert werden?
▶ Stehen Umzüge oder Umstrukturierungen an, die wesentlich mehr Freiheitsgrade zulassen?
▶ Ist ein IT-System, z. B. SAP, gesetzt?

Kennen alle Workshop-Teilnehmer den Istablauf, die Ziele und die Rahmenbedingungen, so ist der Grundstein für ein erfolgreiches Wertstromdesign gelegt.

WIE GEHE ICH VOR?

In der Praxis haben sich zwei Vorgehensweisen zur Gestaltung von Sollprozessen bewährt:

Variante 1: Kaizen-Blitze abarbeiten

Gerade bei kürzeren Prozessen bzw. Teilprozessen gibt es eher selten Potenzial für eine radikale Prozessneugestaltung. In diesen Fällen reicht es meist aus, die erkannten Kaizen-Blitze abzuarbeiten. Das bedeutet, es wird kein neues Sollprozessbild gezeichnet, weil es dem Istbild sehr ähnlich ist. Dabei können auch bei kurzen Prozessen durchaus weit über 30 verschiedene Kaizen-Blitze entdeckt werden.

Gerade wenn eine Vielzahl an Erfolg versprechenden Kaizen-Blitzen entdeckt wurde, gilt es die 20 % davon zu identifizieren, die 80 % des Nutzens bringen. Hierbei werden in einem ersten Schritt im Team gemeinsam ähnliche Kaizen-Blitze zu Themenfeldern geclustert. Danach werden z. B. die Top-5-Themenfelder priorisiert, indem von den Prozessbeteiligten abgeschätzt wird, welche Themen am meisten zur Erreichung der vorher festgelegten Ziele beitragen. Häufig kann es auch noch sinnvoll sein, bei den Kaizen-Blitzen zu unterscheiden, ob Sie eher kurzfristig umsetzbar sind – also Quick Wins – oder eher langfristigen Charakter haben. Dementsprechend können auch zwei Top-5-Listen entstehen: eine Kurzfrist- und eine Langfristliste.

Für die Kaizen-Blitze werden schließlich gemeinsam Maßnahmen abgeleitet, die in einem Aktivitätenplan mit Verantwortlichkeiten und Zielterminen eingetragen werden.

Variante 2: der Grüne-Wiese-Ansatz

Bei längeren und komplexeren Prozessen kommt es tendenziell häufiger vor, dass z. B. einzelne Prozessschritte durchaus infrage gestellt werden können. In so einem Fall sollten auch radikale Prozessveränderungen untersucht werden. Bei dieser Variante geht es also stärker als bei Variante 1 darum, die Kreativität der Workshop-Teilnehmer anzuregen, um eventuell auf komplett neue Prozessabläufe zu kommen.

Versucht man in solch einem Fall mit den Workshop-Teilnehmern direkt nach dem Ist eine radikale Prozessveränderung für ein realistisches Soll zu entwerfen, so wird man häufig dieselbe Aussage hören: „Das geht nicht, weil …". Die Prozessbeteiligten haben sich über Jahre an die bestehenden Strukturen gewöhnt und behindern dadurch mögliche Verbesserungen.

Wie in Bild 21 dargestellt, hat es sich in der Praxis bewährt, auf dem Weg zum realistischen Soll, einen kurzen Umweg über ein Idealbild oder eine Vision zu machen. Dabei stellt man sich die Frage: Wie würde der Prozess aussehen, wenn wir alle Freiheitsgrade hätten und ihn auf der grünen Wiese gestalten dürften? Bei der Gestaltung des Idealbildes ist „spinnen" erlaubt. So werden auch mal ohne große Widerstände radikale Ideen zur Diskussion zugelassen und bleiben vielleicht auch hängen.

Das realistische Soll leitet sich aus dem Idealprozess ab: „Was vom Idealprozess können wir realistisch in den nächsten sechs Monaten umsetzen?"

Sowohl Ideal- als auch Sollprozess werden analog zum Istprozess auf Brown Paper dargestellt. Die Erfahrung zeigt,

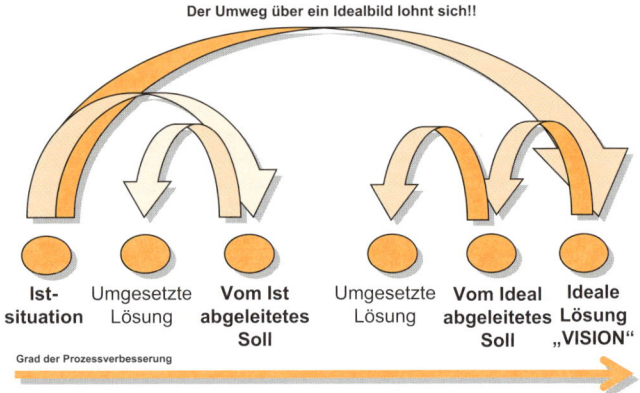

Bild 21: *Vom Ist über ein Ideal zum Soll*

dass sich der Umweg über den Idealprozess häufig auszahlt. Das heißt, dass die Verbesserung des Prozesses größer ist, als wenn man auf die Gestaltung des Idealprozesses verzichtet hätte.

> 1. Bei kürzeren Prozessen reicht tendenziell ein Bearbeiten der Kaizen-Blitze aus.
> 2. Bei längeren oder komplexeren Prozessen lohnt sich meist die Investition, zuerst auf der grünen Wiese einen Idealprozess zu designen und daraus einen realistischen Sollprozess abzuleiten.
> 3. Bei beiden Wegen ist immer zu überlegen, welche 20 % der Maßnahmen 80 % der erwünschten Wirkung ausmachen.

Zum Schluss wird ein Maßnahmenplan erstellt, indem festgeschrieben wird, welche Maßnahmen von wem bis wann erledigt werden müssen, um den Sollprozess zu realisieren.

Häufig ist es auch noch sinnvoll, die Liste der Kaizen-Blitze durchzugehen und zu prüfen, welche Kaizen-Blitze noch nicht durch den neuen Sollprozess abgedeckt sind. Meist entdeckt man dadurch noch einige gute Quick Wins, die man im Maßnahmenplan ergänzen kann.

In einer Abschlusspräsentation werden die Ergebnisse dem Management vorgestellt. Stimmt das Management dem Maßnahmenplan zu, so beginnt ein Veränderungsprojekt.

Gestaltungsregeln

Die wichtigste Regel ist: Widerstehen Sie der Versuchung, bereits bei der Analysephase an der erstbesten Lösung für einzelne kleine Schwachstellen herumzudoktern.

Ein Soll-Wertstrom lässt sich in der Regel nicht einfach in einem Schritt aus dem Ist-Wertstrom ableiten, sondern nur gestuft. Im Fokus steht dabei die Gestaltung eines Flusses mit einem hohen Grad an Wertschöpfung und kurzen Durchlaufzeiten. Flüsse müssen – wie in der Natur – ganzheitlich auch über Grenzen hinweg betrachtet werden, sonst besteht die Gefahr einer Suboptimierung. Diese ganzheitliche Vorgehensweise hat sich in der betrieblichen Praxis bewährt, da man so zu ganz neuen Lösungsansätzen und Potenzialen findet, mit denen man zu Beginn der Wertstromanalyse nicht unbedingt gerechnet hätte.

Bevor mit dem Designen zukünftiger Abläufe begonnen wird, lohnt sich eine vorgeschaltete „Wertediskussion" (Was ist wichtig und warum?). Daraus können Handlungsmaximen für die Gestaltung des zukünftigen Wertstroms abgeleitet werden. Bei vielen Umsetzungsprojekten haben folgende Gestaltungsgrundsätze eine große Veränderungskraft entwickeln können.

Konzentration auf das Wesentliche
- ▶ Tätigkeiten und Abläufe identifizieren, die notwendig sind, um den Kundenwunsch zu erfüllen. Wertschöpfung ist das, wofür der Kunde bereit ist, zu zahlen.
- ▶ Werfen Sie unnötigen Prozessballast über Bord.

Das Ganze sehen, um das Ganze zu verbessern
- ▶ Ziel ist die bereichsübergreifende Optimierung der Wertströme, selbst wenn dies Einschränkungen für Teilbereiche bedeutet.

Streben nach Perfektion
- ▶ Das Streben nach Perfektion gemäß dem Grundsatz: „Perfektion ist nicht etwa dann erreicht, wenn nichts mehr hinzuzufügen ist, sondern wenn man nichts mehr wegnehmen kann!"

Visionen, aber keine Halluzinationen
- ▶ Vorhandenes – auch Bewährtes – mal infrage stellen. Es lohnt sich, mutig zu sein und Grenzen zu verschieben.

Wertschöpfung kommt von Wertschätzung
- ▶ Betroffene zu Beteiligten machen: Mitarbeiter handeln eigenverantwortlich in einem Zielsystem.

Mitarbeiter hat die Hand am Produkt
- ▶ Am Produkt wird stets wertschöpfend gearbeitet.
- ▶ Werte schaffen und Verschwendung vermeiden.
- ▶ Ware zum Verbraucher: Der Lieferant stellt 100 % Materialverfügbarkeit beim Verbraucher sicher.

Kleine Losgrößen und hohe Flexibilität
- ▶ Gibt es einen Produktmix, sodass Teile in kurzen Abständen immer wieder gefertigt werden können?

- ▶ Produktion in kleinen Losen → kurzer Durchlauf → wenige Bestände.
- ▶ Permanente Optimierung der Rüstzeiten (paralleles Rüsten …).

Das Herz der Produktion schlägt im Kundentakt

- ▶ Die Prozesse richten sich an dem Takt bzw. Impuls des Verbrauchers aus.
- ▶ Schrittmacherprozesse steuern den Gesamtablauf (Umsetzen von Just-in-sequence-Konzepten).

Flow statt slow – der kontinuierliche Fluss

- ▶ Hand in Hand in gekoppelten Prozessen ohne Lager arbeiten.
- ▶ Ein einmal angefangener Auftrag wird nicht mehr unterbrochen.
- ▶ Verwendung von Supermarkt-Pull-Systemen zur Produktionssteuerung, wo keine durchgängige Fließfertigung zum Folgeprozess möglich ist.

Ist was weg, muss was hin – das ziehende Prinzip

- ▶ Durch konsequente Anwendung von selbststeuernden Versorgungsstrategien Bestände und Steuerungsaufwand reduzieren.
- ▶ Der Kunde zieht am Verbraucher (z. B.: Umsetzen der Pull-Strategie durch eine Kanban-Steuerung).

Produziere möglichst lange kundenauftragsneutral

- ▶ Die Prozesse werden auf den spätestmöglichen Kundenauftragsbezug ausgelegt.

Wenn der zukünftige Ablauf im Rahmen dieser grundsätzlichen Leitsätze entwickelt wird, können nachfolgende Regeln weitere Inspiration für kreative Sollkonzepte geben.

In dem neu gestalteten zukünftigen Wertschöpfungsprozess wird man umso effizienter und effektiver arbeiten können, je

▶ … gleichmäßiger und schneller Materialien bzw. Informationen fließen können (One-Piece-Flow anstreben).

▶ …weniger Medienbrüche entlang des Flusses entstehen.

▶ … flexibler und schneller auf den Variantenmix der Kunden reagiert werden kann.

▶ … kürzer, geradliniger, weniger unterbrochen die Prozesskette zwischen Auftragseingang und Zahlungseingang durchlaufen werden kann.

▶ … mehr Sie sich auf die Reduzierung der Gesamtdurchlaufzeit Ihrer Wertschöpfungskette konzentrieren.

▶ … mehr Zwischenlager (Bestände) durch einen gerichteten Materialfluss und direkter Prozesskopplung vermieden werden.

▶ … besser die Abstimmung der Prozesspartner an deren Schnittstellen funktioniert (Doppelarbeit vermeiden).

▶ … stärker die Verkettung und Bündelung zwischen aufeinander abfolgenden Aktivitäten ausfällt.

▶ … geringer ihre EPEI-Kennzahl (EPEI = Every Part Every Interval) ausfällt (siehe Kapitel 7.5).

▶ … weniger Schrittmacherprozesse gesteuert werden müssen.

▶ … weniger angefangene Aufträge unterbrochen bzw. zwischengepuffert werden müssen.

▶ … früher Abweichungen vom Sollprozess unmittelbar erkannt werden können.

▶ … enger und direkter die Verbindung zwischen Material- und Informationsfluss ist.

▶ … dichter am Kunden an der gesamten Prozesskette gezogen wird.

▶ … weniger Bestände zur Aufrechterhaltung des Produktionsbetriebes notwendig sind.

▶ … mehr wertschöpfungsintensive Arbeitsvorgänge am Ende der Prozesskette stattfinden.

5 Erfolgsfaktoren und Anwendungsfelder der Wertstrommethode mit Beispielen

5.1 Erfolgsfaktoren

Um eine Wertstromanalyse und das darauffolgende Wertstromdesign erfolgreich durchführen zu können, sind eine ganze Reihe von wichtigen Punkten zu beachten:

1. Management als Sponsor und Treiber, unterstützt aktiv.
2. Auftraggeber und Team haben sich über Ablauf und Ziele abgestimmt (gemeinsames Auftragsverständnis).
3. Moderator ist erfahrener Kenner der Wertstrommethode.
4. Workshop-Teilnehmer haben ein hohes Praxiswissen.
5. Informationen aus dem Linewalk entlang der Prozesskette gewinnen („vor Ort sein!").
6. Strukturierte Interviews und vorhandene Grunddaten ergänzen den Linewalk sinnvoll.
7. Mitarbeiter der Prozesskette stellen ihren Führungskräften die Workshop-Ergebnisse selbst vor (nicht der Moderator bzw. Wertstromkenner) – höhere Identifikation mit den Ergebnissen des Workshops.
8. Es wird eindeutig festgelegt, wie und von wem die Workshop-Erkenntnisse weiterbearbeitet werden – z.B. von einem Projektteam.
9. Umsetzungsfortschritt bleibt nach dem Workshop im Fokus des Managements.

WORUM GEHT ES?

Die Einsatzfelder für die Wertstrommethode sind vielfältig, weil sie sich letztlich auf sehr viele Prozesse in Industrie und Verwaltung anwenden lässt, vor allem wenn Durchlaufzeiten,

Bestände und Verschwendung im Fokus stehen. Die ganzheitliche – oft nur mit geringem Aufwand verbundene – Sicht auf Prozessketten bietet eine Fülle von sinnvollen Anwendungsmöglichkeiten:

▶ **Einzelne Workshops/Unternehmensphilosophie:** Der Einsatz der Wertstrommethode kann von einzelnen durchgeführten Workshops in der Werkstatt bis hin zur „Gestaltung einer ganzen Wertstromfabrik" reichen, die kontinuierlich in allen Unternehmensbereichen – vom „Auftrags- bis zum Zahlungseingang" – nach ständiger Verbesserung strebt.

▶ **Reengineering/Neuplanung:** Mit der Wertstrommethode lassen sich vorhandene Abläufe sinnvoll optimieren. Aber zunehmend werden auch neue Fabriken oder Produktionsbereiche schon nach Wertstromgesichtspunkten geplant.

▶ **Benchmark:** Wertströme können auch helfen, ähnliche Prozesse vergleichbar zu machen (Durchlaufzeit, Bestände, Wertstromquotient …). Allerdings sollte man sich sehr intensiv mit den jeweiligen Randbedingungen beschäftigen, um nicht zu falschen Schlüssen zu kommen.

▶ **Audit für Prozessverbesserungen:** In sinnvollen Abständen Prozesse erneut mit der Methode zu analysieren kann aufzeigen, wo und in welcher Form Verbesserungsprojekte inzwischen erfolgreich waren bzw. wieder Impulse für weitere Verbesserungen geben.

Die Wertstrommethode kann bei verschiedenen Rahmenbedingungen erfolgreich eingesetzt werden:

▶ **Prozessgröße:** Die Prozessgrenzen sind fast beliebig skalierbar – vom Arbeitsplatz bis zur firmenübergreifenden

Lieferkette. Das erlaubt es, „bottom up" bis „top down" zu agieren.

▶ **Prozessarten:** Es lassen sich Produktions-/Logistikprozesse genauso analysieren wie beispielsweise typische Büro-/Planungs- oder Dienstleistungsprozesse. Nicht selten überlappen sich diese Prozessarten sowieso in der Praxis innerhalb einer Wertstromanalyse.

▶ **Verschiedene Sichten:** Man kann sich beispielsweise in einer Druckerei auf einen Stapel unbedrucktes Papier setzen und es begleiten, bis es als fertiges Druckprodukt den Warenausgang verlässt. Aber man kann auch die Einsatzplanung der Druckmaschinen in den Fokus nehmen oder einen Auftrag von der Anfrage, Kalkulation bis zur Rechnungserstellung. Damit entstehen mit wenigen Wertstromuntersuchungen aussagekräftige „Mosaike", die sich zu einem Gesamtbild fügen. Die Druckerei mit ihren Prozessketten und mit den damit verbundenen Stärken und Schwächen wird transparent.

▶ **Varianten:** Auch in der variantenreichen Produktion kann mit der Methode Transparenz bzw. eine verbesserte Auftragssteuerung erzielt werden. Dabei kommen Hilfsmittel wie die Bildung von Produktfamilien oder Simulationswerkzeuge zum Einsatz.

▶ **Firmengröße:** Während in größeren Unternehmen oft in der Methode geschulte Mitarbeiter und praktische Erfahrungen mit der Wertstromanalyse anzutreffen sind, ist dies in mittelständischen Firmen eher die Ausnahme. Dabei kann die Methode auch gerade in kleineren Betrieben hilfreich sein, um Prozesse zu optimieren und wettbewerbsfähig zu bleiben. Eine Druckerei beispielsweise muss die Kundenwünsche oft innerhalb kurzer Zeit erfüllen können, sonst bekommt die Konkurrenz den Auftrag. Ein schlanker, durchlaufzeitorientierter Ablauf kann dazu entscheidend beitragen. Externe Wertstromberater können gerade im mittelständischen Umfeld eine gute Starthilfe sein.

5.2   Beispiel aus der Produktion

WORUM GEHT ES?

Im vorliegenden Beispiel handelt es sich um ein in der Praxis durchgeführtes Reengineering-Projekt in einem Produktions- bzw. Montagebereich. Die Vorgehensweise im Rahmen des Projektes gliederte sich in folgende Phasen: Zielklärung, Analyse, Sollprozesse, Pilotierung und Umsetzung. Die Details sind in Tabelle 2 dargestellt.

WIE GEHE ICH VOR?

Zu Beginn des Projektes muss vom Projektleiter eine saubere Auftragsklärung mit dem Auftraggeber durchgeführt werden. Diesem Schritt wird in der Praxis leider oft zu wenig Aufmerksamkeit geschenkt. Hier ist es sehr wichtig, ein gemeinsames Verständnis über Ziele, Rahmenbedingungen, Betrachtungsraum und Erfolgsfaktoren des anstehenden Projektes zu erhalten und zu dokumentieren. Im Rahmen der **Istanalyse** wurde innerhalb eines Drei-Tage-Workshops der Ist-Wertstrom mit den entsprechenden Kaizen-Blitzen aufgenommen.

In Bild 22 sieht man links oben die Lieferanten und rechts oben den (internen) Kunden des Bereiches. Kunde ist in diesem Fall die Hauptprozesskette – hier wird das betrachtete Produkt auf einem Montageband mit dem Hauptprodukt

Auftragsklärung	Zielklärung mit Auftraggeber (unter anderem Projektdefinitionsblatt, Organisation, Zeit- und Kostenrahmen)
Analyse	Aufnahme bzw. Darstellung der Grunddaten im Istzustand (Materialreichweiten, Schichtmodelle, Mitarbeiterzahl, Produktivität, Nutzungsgrad, Fehlerquoten, Fläche etc.)
	Wertstromanalyse, Tätigkeitsanalysen, Spaghettidiagramme
	Kaizen-Blitze darstellen und Handlungsfelder ableiten
Sollprozess	Soll-Wertstrom entwickeln
	Konkrete und umsetzbare Lösungsvarianten für Soll-Wertstrom erarbeiten, Groblayout darstellen
	Lösungsvarianten bewerten und Favorit auswählen
Pilotierung	Lernstätten zur Konzepterprobung und Festlegung der Effizienzpotenziale
	Feinplanung Layout
	Lernstätten zur Einarbeitung der Mitarbeiter
Umsetzung	Umsetzungsplanung und Umzug
	Optimierung mit KVP-Workshops und Anpassung der Grunddaten (unter anderem Vorgabezeiten, Arbeitspläne)

Tab. 2: *Vorgehen im Projekt in den einzelnen Phasen*

montiert. Im mittleren Bereich ist die Informationslandschaft dargestellt. Mitarbeiter aus dem Bereich der Auftragssteuerung generieren täglich aus einem IT-System ein Aufsetzprogramm mit einer 14-Tage-Vorschau. Dieses „Aufsetzprogramm" wird in Form einer Excel-Liste an einen Disponenten

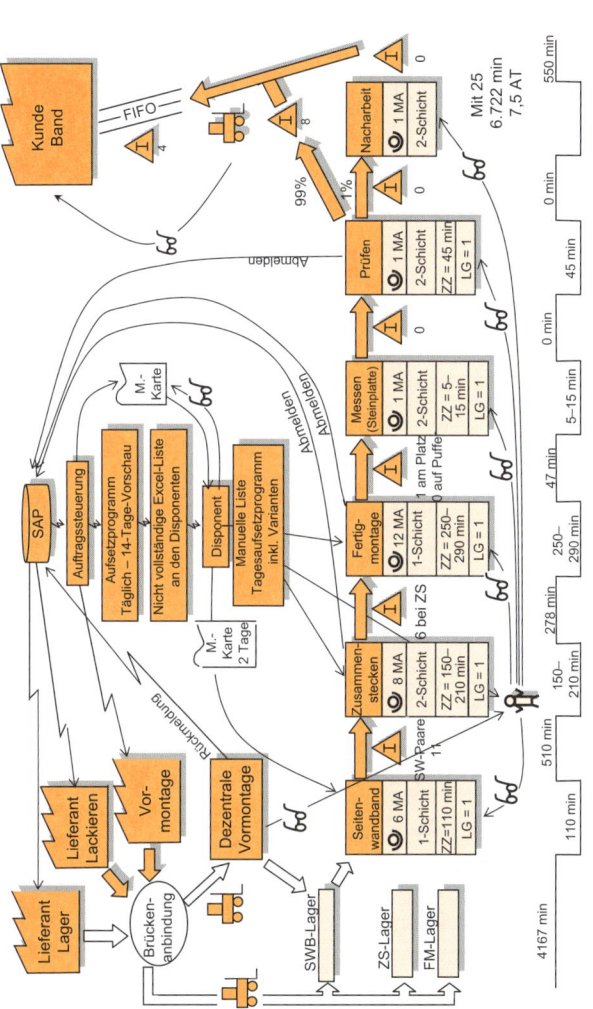

Bild 22: *Wertstromdarstellung für den Istzustand*

(DZ = 92,5 Std. / BZ = 9,3–11,2 Std)

des Meisterbereiches weitergegeben. Da die Excel-Liste für die Arbeit des Disponenten nicht alle erforderlichen Informationen (z. B. Variantendarstellung) erhält, zieht er sich die fehlenden Daten direkt aus dem System und generiert manuell wieder eine neue Liste „Tagesaufsetzprogramm" sowie die notwendigen Maschinenkarten (Begleitpapiere). Der Montageprozess beinhaltet fünf Prozessschritte, wobei der Produktionsanstoß im ersten Arbeitsschritt „Seitenwandband" erfolgt. Hier werden die kommissionsbezogenen Produkte entsprechend dem „Tagesaufsetzprogramm" mit sechs Mitarbeitern in einem Einschichtmodell abgearbeitet. Anschließend durchläuft das Produkt auf jeweils unterschiedlichen Arbeitsplätzen bzw. Montageeinheiten die Prozessschritte Zusammenstecken, Fertigmontieren, Messen, Prüfen und gegebenenfalls Nacharbeit. Die elektronische Rückmeldung zum Arbeitsfortschritt erfolgt nach jedem Prozess manuell durch die Mitarbeiter. Das Material kommt zwischen den einzelnen Prozessschritten jeweils als Zwischenzustand in unterschiedliche Pufferbereiche. Innerhalb des Meisterbereiches existiert ein Ausgangslager mit fertigen kommissionsbezogenen Produkten. Von dort aus werden diese einzeln zu den internen Kunden an das Montageband mit einem Stapler transportiert.

Es gibt oft Abweichungen zwischen dem „Tagesaufsetzprogramm" (nach welchem der betrachtete Bereich als interner Lieferant arbeitet) und der tatsächlichen Reihenfolge bzw. den Bedarfen des Kunden. Aus diesem Grund übernimmt ein Mitarbeiter die Aufgabe mehrmals täglich, mit dem Stapler oder Fahrrad an das Kundenband zu fahren und dort die tatsächliche Aufsetzreihenfolge mit der geplanten abzugleichen.

Erkannte Potenziale:

▶ Lange Durchlaufzeit von rund 90 Stunden bei einer Vorgabezeit von rund zehn Stunden führt zu geringer Flexibilität.

▶ Verschwendung durch mehrmaliges Auf- und Absetzen des Produktes (Kran und Lastaufnahmemittel erforderlich) für die einzelnen Prozessschritte.

▶ Verschwendung durch viele Transporte von den Montageeinheiten in die Puffer und wieder zurück.

▶ In den Zwischenpuffern ist ein hoher WIP (= work in process) durch unterschiedliche Schichtmodelle (Einschicht- und Zweischichtmodell) oder ungleichmäßige Austaktung in der Prozesskette erforderlich.

▶ Durch das Arbeiten nach „Tagesaufsetzprogramm" entstehen Aufwände in der Disposition für das manuelle Erstellen der Listen sowie Aufwände durch den mehrmaligen täglichen Abgleich mit der „Realität".

▶ Eine geometrische Endprüfung der Produkte ist im letzten Montageschritt „Fertigmontage" aufgrund der vorhandenen Betriebseinrichtung nicht möglich. Werden Abweichungen beim „Messen" erkannt, muss das Produkt wieder aufwendig in die Kette zurückgeführt werden – dies sorgt für nicht stabile Prozesse.

In Bild 23 ist der **Soll-Wertstrom** für das Praxisbeispiel dargestellt. Die Leitlinien zur Erarbeitung eines schlanken Ablaufes sind auch hier: Material zum Fließen bringen, Arbeits- bzw. Prozessschritte ausnivellieren, ziehendes Prinzip zu den Kunden und innerhalb der eigenen Produktion und stabile kalkulierbare Prozesse. Auf das konkrete Projekt übertragen, bedeutet das:

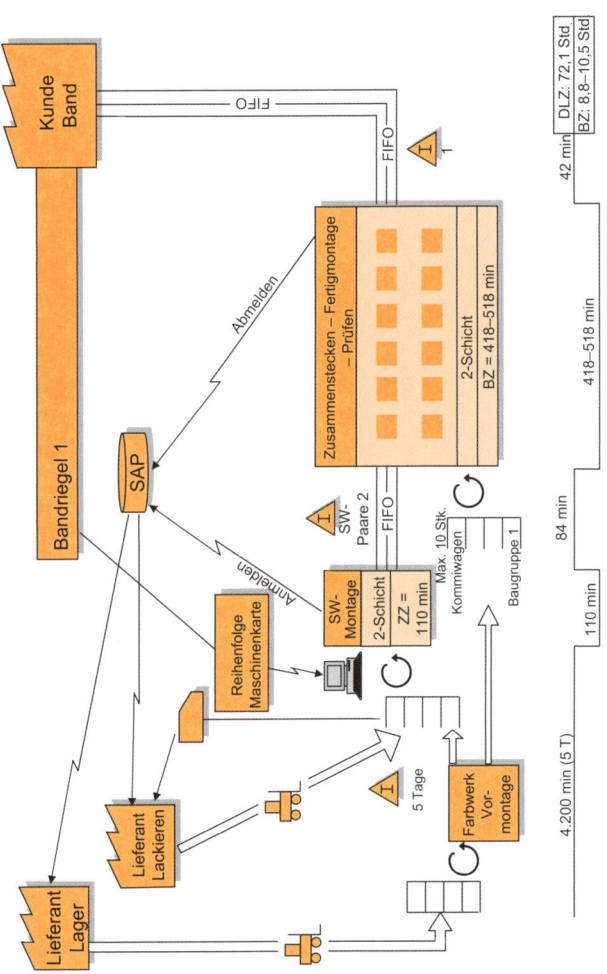

Bild 23: *Wertstromdarstellung für den Sollzustand*

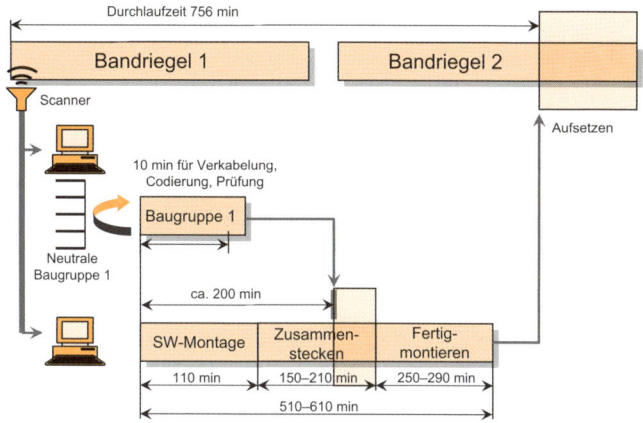

Bild 24: *Umsetzung ziehendes Prinzip durch Ereignispunktsteuerung*

▶ Umsetzung des ziehenden Prinzips durch Just-in-sequence-Versorgung mit Ereignispunktsteuerung an das Montageband (siehe Bild 24).

▶ Die Vormontagebereiche werden räumlich integriert und arbeiten alle verbrauchsorientiert in einer bestandsarmen „Kanban-Logik" mit Durchreichregalen dem Hauptprozess zu.

▶ Die einzelnen Prozessschritte vom Zusammenstecken bis zur Endprüfung werden alle auf einer Montageeinheit integriert. Aufgrund der großen Montageinhalte von rund 500 Minuten erfolgt die Montage sequenziell durch zwei Mitarbeiter mit jeweils etwa 250 Minuten.

▶ Dieses paarweise Arbeiten (jeweils zwei Arbeitsplätze) erzeugt einen Zwang im System. Dies ist eine Möglichkeit, ein Fließprinzip umzusetzen, bei dem nicht das Produkt fließt, sondern die Mitarbeiter „wandern" (Bild 25). Um

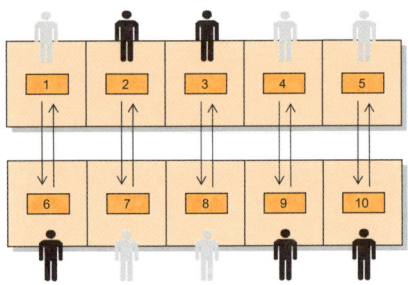

Das Produkt bleibt auf einer Montageeinrichtung und der Werker wechselt von Box zu Box (Fließprinzip).

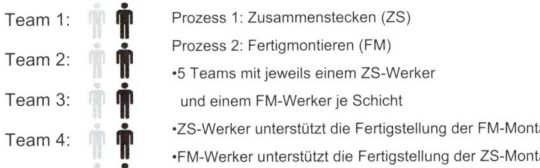

Team 1: Prozess 1: Zusammenstecken (ZS)

Team 2: Prozess 2: Fertigmontieren (FM)
•5 Teams mit jeweils einem ZS-Werker

Team 3:   und einem FM-Werker je Schicht

•ZS-Werker unterstützt die Fertigstellung der FM-Montage.

Team 4: •FM-Werker unterstützt die Fertigstellung der ZS-Montage.

Team 5: •Montageprobleme werden im Team gelöst.

Bild 25: *Lösungsansatz „paarweises Arbeiten" um den Takt von 250 Minuten zu erreichen.*

den Kundentakt von rund 50 Minuten zu erreichen, wurden fünf der Teams installiert.

▼ Durch eine Angleichung der Schichtmodelle kann der Puffer nach der SW-Montage (SW = Seitenwand) auf ein Minimum reduziert werden.

▼ Die Einführung einer Kanban-Versorgung bei den Zuliefereinzelteilen reduziert die Bestandsreichweiten und die Durchlaufzeit.

Durch die konsequente Anwendung der Lean-Prinzipien konnte in diesem Praxisbeispiel eine jährliche Einsparung von rund 300 000 € bei einer Amortisationszeit von 1,5 Jahren erzielt werden (Tabelle 3).

	Einheit	Projektanfang	Projektende	Δ
Produktion	Einheiten/AT	21	25	**+19 %**
Fläche	m²	2035	2035	**+/– 0 %**
Fehler	Fehler/BG	0,3	0,11	**– 63 %**
DLZ	AT	7,5	4,4	**– 41 %**
Fertig-bestände	Anzahl	22 – 30 (25)	15 – 20 (17)	**– 32 %**
Lager-material	T€	2845	1110	**– 43 %**

Tab. 3: *Erreichte Ziele bei um 19 % gesteigerter Produktion*

Die Dauer des Lean-Projektes betrug für die Analyse- und Konzeptphase, Beschaffung und Umsetzung rund ein Jahr. Nachgeschaltet waren noch viele kleinere KVP-Workshops und Maßnahmen, um die neuen Abläufe und Einrichtungen zu optimieren.

 Bei einem Umsetzungsprojekt sollten überall, wo möglich, Lernstätten oder -inseln implementiert werden, um auf der einen Seite die neuen Betriebseinrichtungen sowie Abläufe zu erproben und auf der anderen Seite auch die Mitarbeiter einzulernen.

5.3 Beispiel aus dem Bereich Lean Administration

WORUM GEHT ES?

Im folgenden Beispiel wurde ein Dienstleistungsprozess mithilfe der Wertstrommethode im Rahmen eines Zwei-Tage-Workshops analysiert. Es wurden erste Ansätze zur Optimierung entwickelt. Beim untersuchten Prozess handelt es sich um den Ablauf einer „Bestellanforderung". Wie in Bild 26 zu sehen ist, erteilt ein interner Kunde der Fabrikplanung einen Auftrag, z. B. den Umzug eines Montagebereiches. Nach der Planungsleistung der Fabrikplanung und deren Genehmigung durch den Kunden werden über den Einkauf benötigte Betriebseinrichtungen bei externen Lieferanten bestellt. Da der Prozess je nach Bestellhöhe unterschiedliche Ablaufvarianten hatte, wurde im Vorfeld festgelegt, dass der Schwerpunkt auf Bestellanforderungen in der Höhe von 1000 € bis 50 000 € liegen soll.

 Dienstleistungsprozesse haben häufig mehrere Ablaufvarianten. Es ist sinnvoll, in der Auftragsklärung die wesentliche Variante zu identifizieren, um Diskussionen während des Workshops zu vermeiden.

WIE GEHE ICH VOR?

Der betrachtete Prozess beginnt mit einem sehr grob umrissenen Auftrag des Anforderers an einen beliebigen Fabrikplaner. Die Vielzahl an unterschiedlichen Kommunikationswegen, die dafür infrage kommen, wurde aus Gründen der

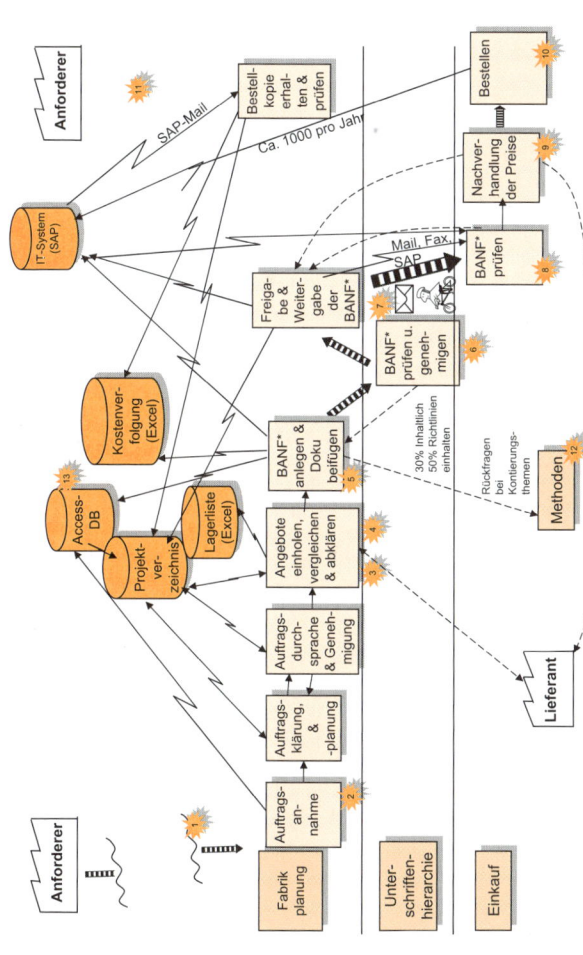

Bild 26: *Wertstromdarstellung für den Istzustand*

* BANF = Bedarfsanforderung

Überschaubarkeit des Gesamtprozesses nicht betrachtet. Wird nun ein solcher Auftrag an einen Fabrikplaner herangetragen, kann er ihn – im Rahmen eines Projektes, das er betreut, oder bei ausreichender freier Kapazität – selbst bearbeiten oder an den Abteilungsleiter weiterleiten, der ihn wiederum auf der Grundlage einer geschätzten Kapazitätsplanung an einen anderen Fabrikplaner übergibt. Dieser legt in der abteilungseigenen Access-Datenbank ein Projekt an, wodurch im Projektverzeichnis automatisch eine Ordnerstruktur sowie ein Excel-Kostenverfolgungsblatt erstellt werden.

Anschließend beginnt der Planer mit dem iterativen Prozess der Auftragsklärung vor Ort, Planung und Auftragsdurchsprache, an deren Ende die Genehmigung des Auftrags durch den Anforderer steht. Erst wenn der Auftrag endgültig feststeht, ist klar, was genau bestellt werden muss. Zu diesem Zeitpunkt können Angebote von möglichen Lieferanten eingeholt werden. Unterstützt wird die Auswahl geeigneter Lieferanten durch eine Access-Datenbank, in der dem Unternehmen bereits bekannte Lieferanten geführt werden. Die bevorzugte Vorgehensweise zur Beschaffung von Standardbetriebseinrichtungen wie z. B. Möbeln ist eine Bestellung im Betriebseinrichtungslager. Dort werden gebrauchte funktionstüchtige Betriebseinrichtungen bis zu einer weiteren Verwendung zwischengelagert. Über eine Excel-Tabelle können die Fabrikplaner den aktuellen Bestand einsehen.

Oft wird zur technischen Klärung der Angebote noch einmal Rücksprache mit den Lieferanten gehalten. Sind alle Details geklärt, wird in einem IT-System die eigentliche Bestellanforderung angelegt. Begleitende Dokumente wie die Angebote der Lieferanten können dort als PDF-Dokument hinterlegt werden. Außerdem kann der Fabrikplaner dem Einkäufer bereits einen bestimmten Lieferanten vorschlagen.

Bei Fragen zur Kontierung steht die Methodenabteilung des Bereiches beratend zur Seite.

Zur Genehmigung der Bestellanforderung durch den Planer oder Vorgesetzten muss sie ausgedruckt und unterschrieben werden. Nach Erhalt der Unterschrift gibt der Planer die Bestellanforderung für den Einkauf frei. Zusätzlich muss die Unterschrift an den Einkauf weitergeleitet werden. Dazu werden verschiedene Möglichkeiten genutzt:

▶ per Hauspost in Papierform, bei dringenden Bestellungen auch persönlich zu Fuß oder mit dem Fahrrad,
▶ als PDF-Anhang im IT-System,
▶ per Fax oder als PDF-Anhang in einer E-Mail.

Beim Erhalten einer unterschriebenen Bestellanforderung prüft der jeweilige Einkäufer diese erneut und setzt sich mit den Lieferanten, die ein Angebot eingereicht haben, in Verbindung, um die Preise nachzuverhandeln. Auf dieser Basis legt er endgültig den Lieferanten fest. Dann wird abhängig vom Bestellbetrag eventuell die Unterschrift des Vorgesetzten eingeholt und über das IT-System eine Bestellung abgeschickt. Daraufhin erhält der Fabrikplaner automatisch eine E-Mail vom System mit einer Kopie der Bestellung im Anhang.

Während des gesamten Planungsprozesses werden sämtliche relevanten Dokumente im Projektverzeichnis abgelegt. Der Bestellbetrag wird im Kostenverfolgungsblatt eingetragen, die jeweilige Planungsleistung in Stunden muss jeweils zum Monatsende zur Verrechnung in der Access-Datenbank hinterlegt werden.

Im Rahmen der Wertstromanalyse wurden über 40 Kaizen-Blitze entdeckt. Im Folgenden werden die wesentlichen Handlungsfelder vorgestellt:

▶ Routinearbeiten kosten sehr viel Zeit.

Beispiel: Die Erstellung der Angebotsvergleiche mit den damit verbundenen Rücksprachen ist sehr aufwendig. Zum einen fehlen Standards für die Angebotsvergleiche, zum anderen stellt sich die Frage, ob eine Hilfskraft zur Entlastung der Fabrikplaner sinnvoll ist.

▶ Die Möglichkeiten der IT werden oft nicht erkannt oder bleiben ungenutzt.

So wird die Option, Dateien im PDF-Format direkt an die Bestellanforderung anzuhängen, nicht von allen Mitarbeitern wahrgenommen. Der Genehmigungsprozess findet in Papierform statt, obwohl ein Freigabe-Workflow möglich ist.

Trotz vorhandener elektronischer Workflows waren Prozessdaten, wie z.B. Anzahl Aufträge, Durchlaufzeiten oder Bearbeitungszeiten, nicht bekannt und nicht ohne IT-Hilfe auswertbar.

▶ Hohe Rückfragequoten.

Sowohl im abteilungsinternen Genehmigungsprozess als auch vonseiten des Einkaufs gibt es hohe Rückfragequoten (ca. 50 %) bezüglich inhaltlicher Punkte bzw. der Einhaltung von Richtlinien. Dadurch erhöht sich für den Gesamtprozess die Durchlaufzeit und für alle Beteiligten die Bearbeitungszeit.

▶ Schnittstellenprobleme zwischen Einkauf und Fabrikplanung.

Die Schnittstelle zwischen Fabrikplanung und Einkauf ist zwar durch einen Handlungsrahmen ausführlich beschrieben, dennoch treten häufig Probleme auf. Beispiele hierfür sind die Entscheidung, den Einkauf bereits in der Planungs-phase mit in die Lieferantenentscheidung einzubinden, oder die Frage, inwieweit eine Auftragsbestätigung durch den Lieferanten von der ursprünglichen Bestellung abweichen muss, um den Anforderer darüber in Kenntnis zu setzen.

Auf Basis dieser Ergebnisse wurde im Anschluss an den Workshop ein Projektteam aus Einkäufern und Fabrikplanern zur Bearbeitung der Kaizen-Blitze installiert. Der kurzfristige Schwerpunkt des Projektteams lag in der Realisierung von Quick Wins. Viele Probleme basierten einfach auf fehlenden Informationen für die Beteiligten z. B. über die Möglichkeiten der IT oder die benötigten Unterlagen seitens des Einkaufs. Durch Informationsveranstaltungen für die Mitarbeiter wurden erste Quick Wins erzielt. Der langfristige Schwerpunkt des Projektteams lag in der Planung und Umsetzung größerer Verbesserungsmaßnahmen, z. B. Installation eines Genehmigungs-Workflows.

Nach Bekanntwerden des abteilungsübergreifenden Projektteams wurden von Mitarbeitern nach und nach weitere Verbesserungsideen zu anderen Prozessen bzw. Ablauffamilien an das Projektteam herangetragen. So wurde ein Wertstrom-Workshop zum Startpunkt eines Kontinuierlichen Verbesserungsprozesses für die Zusammenarbeit der beteiligten Abteilungen.

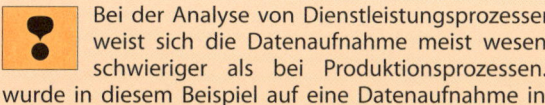

Bei der Analyse von Dienstleistungsprozessen erweist sich die Datenaufnahme meist wesentlich schwieriger als bei Produktionsprozessen. So wurde in diesem Beispiel auf eine Datenaufnahme in Abstimmung mit dem Auftraggeber verzichtet. Es zeigte sich jedoch, dass im Nachgang verschiedene Daten erhoben werden mussten, um objektiv Entscheidungen für weitere Verbesserungsaktivitäten treffen zu können.

Hinweise zur Datenaufnahme

▶ Grobe Schätzwerte der Mitarbeiter reichen in den meisten Fällen vollkommen aus. Jedoch fällt es Mitarbeitern meist schwer, ihre Bearbeitungszeiten zu schätzen. Selbstaufschreiben über die Tätigkeiten der Mitarbeiter im Vorfeld des Workshops können hier hilfreich sein und weitere Aufschlüsse für Verbesserungsmöglichkeiten aufzeigen.

▶ Wenn IT-Workflows im Prozess verwendet werden, können im Vorfeld bereits einige Prozessdaten erhoben werden (z. B. Anzahl der Aufträge pro Jahr und Durchlaufzeiten).

▶ Während der Wertstromanalysen können Probleme erkannt werden, die weitere Datenanalysen im Nachgang des Workshops notwendig machen. In unserem Beispiel war die Anzahl der Rückfragen zwischen Einkauf und Fabrikplanung hoch. Die Ursachen für die Rückfragen waren sehr unterschiedlich. Durch Strichlisten des Einkaufs wurden die Häufigkeiten von Rückfrageursachen über einen Zeitraum von zwei Wochen analysiert. So konnten die wesentlichen Ursachen systematisch angegangen werden.

Nach Umsetzung der Verbesserungen reduzierte sich die Bearbeitungszeit um 5 % und die Durchlaufzeit um 4,5 Tage.

6 Unterstützende Methoden und Werkzeuge

6.1 Fließproduktion

WORUM GEHT ES?

Bei der Fließproduktion geht es um die Kopplung und Ausrichtung der Prozesse oder anders ausgedrückt: „Wie schafft man es, Hand in Hand zu arbeiten?"

Vielleicht haben Sie ja in Ihrem betrieblichen Umfeld noch eine klassische Losgrößenproduktion und kennen dann auch die damit verbundenen Phänomene. Es laufen viele voneinander isolierte Einzelprozesse, die durch zahlreiche Zwischenlagerstufen miteinander verbunden sind. Hohe Bestände und lange Durchlaufzeiten prägen den Prozess. Mit technischen Rationalisierungsansätzen werden an der Werkzeugschneide die letzten Sekunden geholt und dann warten die Zwischenprodukte oft tagelang auf die Weiterverarbeitung. Mit einer Fließproduktion will man genau diese Wartezeiten und Lager zwischen den Arbeitsstationen eliminieren. Eine drastische Reduzierung der Durchlaufzeit und Reduzierung der Umlaufbestände sind die Erfolge.

Fließende Produktion mit „Losgröße eins" (One-Piece-Flow = Einzelstückfluss) ist die Vision. Dabei bedeutet One-Piece-Flow ein Arbeiten „Hand in Hand", d.h., die Erzeugnisse werden ohne Zwischenlager von Arbeitsstation zu Arbeitsstation weitergegeben und ein begonnener Auftrag wird nicht mehr unterbrochen.

WAS BRINGT ES?

In der betrieblichen Praxis hat sich gezeigt, dass sich mit Einführung einer kontinuierlichen Fließproduktion die Durchlaufzeiten drastisch verkürzen lassen. In einer Fließproduktion findet man nur noch die Bestände vor, die zur Aufrechterhaltung eines geregelten Produktionsbetriebs notwendig sind. Durch einen gerichteten Materialfluss und direkte Prozesskopplung werden unnötige Zwischenlagerungen vermieden. Da in der idealen Fließproduktion ein begonnener Auftrag quasi verschwendungsfrei von Arbeitsstation zu Arbeitsstation – ohne Unterbrechung – getragen wird, kann man auch von einer Einzelstückproduktion sprechen. Dadurch ist es möglich, sehr flexibel auf den Variantenmix der Kunden zu reagieren. Tatsächlich funktioniert diese kundenbedarfssynchrone Produktion nur, wenn die Rüstzeiten gegen null tendieren und die Bearbeitungszeit für alle Produktvarianten gleich ist. Daher liegt bei der Umsetzung einer Fließproduktion ein Schlüssel zum Erfolg bei der permanenten Reduzierung der Rüstzeiten (hauptzeitparalleles Rüsten) sowie dem Nivellieren und Takten der Arbeitsstationen.

Durch Gestaltung der Produktion nach dem Fließprinzip wird die Produktqualität positiv beeinflusst. Die Fehlerentdeckung erfolgt wesentlich schneller als bei einer klassischen Losfertigung. Stillstände und Unterbrechungen im Fluss weisen sofort und unmittelbar auf Fehler hin. Der systembedingte Optimierungsdruck wird erhöht und somit die Notwendigkeit, sich um stabile Prozesse zu kümmern.

 Konzentriert man sich auf die Durchlaufzeit, wird die Qualität bei geringeren Kosten steigen.

WIE GEHE ICH VOR?

Nur dadurch, dass Arbeitsstationen neu angeordnet werden und eine Bestandsreduzierung verordnet wird, ist eine Fließproduktion noch nicht automatisch umgesetzt. Die direkte Koppelung von Prozessen nach dem „Einzelstückfluss" reicht nicht aus, um einen kontinuierlichen Fluss umzusetzen! In einer Fließproduktion ohne die komfortablen – aber teuren – Sicherheitsbestände müssen fragile Prozesse vermieden werden. Für die notwendigen stabilen Prozesse sollten Teilequalität und Verfügbarkeit der Arbeitsstationen stimmen. Die Arbeitsstationen sollten entsprechend der Arbeitsfolge angeordnet und die Rüstzeiten permanent reduziert werden. In dem Maße, wie die Rüstzeiten reduziert werden, reduzieren sich auch die Losgrößen, um schließlich im Ideal den Einzelstückfluss (One-Piece-Flow) zu erreichen. Um teure Wartezeiten der Mitarbeiter an einzelnen Arbeitsstationen zu vermeiden, müssen in einem gekoppelten System die Prozessschritte aufeinander abgetaktet werden. Dies soll heißen, dass jede Arbeitsstation in einer bestimmten Zeiteinheit den gleichen Ausstoß erreicht. Wo eine direkte Prozessverbindung nicht möglich ist, muss über Supermarktlager (mit definierter Bestandsobergrenze) oder „FIFO-Bahnen" gekoppelt werden. Dabei ist auf Einhaltung der Produktionsreihenfolge zu achten. Da bei Reihenfertigung die Produktion in einer festen Reihenfolge, ähnlich der Aufreihung der Perlen in einer Perlenkette, erfolgt, spricht man hier auch vom Perlenkettenprinzip. Flankierende Maßnahmen bei Einführung der Fließproduktion sind eine Qualitätsoffensive und die Umsetzung integrativer Instandhaltungskonzepte (TPM – Total Productive Maintenance).

Es scheint ein Widerspruch zu sein, dass man durch Schwächen des Systems stärker werden kann. Spätestens bei der Dimensionierung der Fließproduktion stellt sich die Frage, wie anfällig – oder besser sensitiv – für Störungen (z. B. Fehlteile oder Qualitätsprobleme) ich meine Produktion gestalten will. Das Produzieren nach dem Fließprinzip erscheint riskanter, da Störungen durch Sicherheitsbestände nicht mehr aufgefangen werden können. Prozessunsicherheiten und Verschwendung lassen sich nicht mehr mit Beständen zudecken. Und genau dadurch entsteht dieser gewollt unbequeme Optimierungsdruck, der ungeahnte kreative Kraft erzeugen kann. Denn das schnelle Erkennen von Abweichungen und die damit notwendige rasche Reaktion erzeugen kurze Regelkreise. Dies ist der Weg der kontinuierlichen Verbesserung mit dem Ziel, stabile Prozesse zu etablieren und wirtschaftlich zu produzieren.

6.2 Push und Pull

WORUM GEHT ES?

Wo immer Produkte fließen, stellt sich die Frage, wer den Anstoß zur Produktion gibt. Wer heute das produziert, was wahrscheinlich morgen gebraucht wird, arbeitet vermutlich nach vorgegebenem Produktionsplan in einem Push-System. Ein weiteres Indiz für eine Push-Produktion ist, wenn der Lieferant seine fertigen Produkte „einfach vor der Tür des Kunden abstellt", also seine Erzeugnisse in den nachfolgenden Prozess hineindrückt.

Wenn aber der Kunde am Ende einer Prozesskette zieht und damit die vorgelagerte Produktion anstößt, spricht man vom Pull-Prinzip. Das Pull-Prinzip wird oft auch ziehendes Prinzip, Holprinzip oder Zurufprinzip genannt (Bild 27).

Schiebelogik (Push-Prinzip)

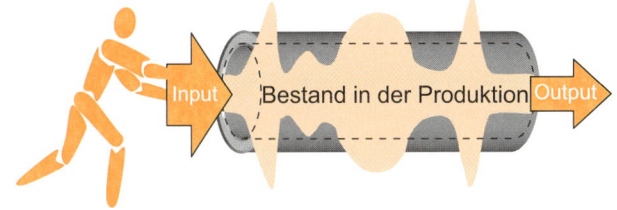

Ziehlogik (Pull-Prinzip)

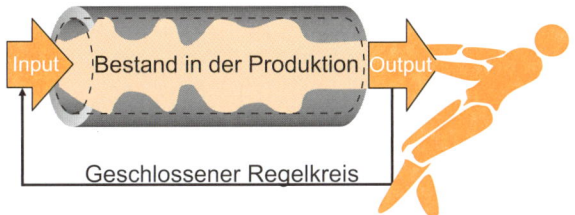

Bild 27: *Push/Pull-Prinzip (Quelle: http://www.sfb467.uni-stuttgart.de/veroeff/veroeff2C1/veroeff2C1.html)*

Welches der beiden Steuerungsverfahren für Prozesse aus betriebswirtschaftlicher Sicht sinnvoll ist, muss sich an den Rahmenbedingungen spiegeln:

▶ Varianz der Produkte,
▶ Flexibilität der Betriebseinrichtung,
▶ Kundenauftragsbezug.

In der Vision von der „ideal schlanken Fabrik" mit kurzen Durchlaufzeiten ist anzustreben, heute nur das zu produzieren, was heute auch gebraucht wird!

WAS BRINGT ES?

In der klassischen Produktionssteuerung geht man davon aus, dass man alle Bedarfe bis ins kleinste Detail vorausplanen kann. Wenn Kunden nie ihre Aufträge ändern, Lieferanten immer zuverlässig liefern, Prozesse 100 % Produktqualität erzeugen und Betriebseinrichtungen niemals ausfallen, dann gibt es nichts Schlankeres als das Push-Prinzip. Denn die im Voraus geplante Produktion entspricht genau den Kundenforderungen mit nahezu 100-prozentiger Eintrittswahrscheinlichkeit. Alle Produktionseinheiten arbeiten nach strikter Planerfüllung und stellen dem Folgeprozess die Produkte entsprechend der Sollvorgabe zur Verfügung. Da die Produkte von Prozessschritt zu Prozessschritt „gedrückt" werden, spricht man hier vom Push-Prinzip. Ziel ist eine Nivellierung und Glättung der Produktion, bei der die tägliche Produktionsmenge über einen längeren Planungshorizont möglichst konstant gehalten wird. Da in der betrieblichen Praxis selten ideale Bedingungen vorzufinden sind, sind Änderungen nicht ausgeschlossen. Dabei zeigen die auf Planerfüllung getrimmten Push-Systeme Schwächen in Reaktionsfähigkeit und -geschwindigkeit. Oft wird versucht, diese Nachteile durch erhöhte Bestände und zusätzliche Lagerhaltung auszugleichen.

Push-Systeme sind gekennzeichnet durch:

▶ Bedarfsorientierung (Bringprinzip),
▶ zentrale Steuerung,
▶ fixe Varianten.

Im Gegensatz zu den auf zukünftige und damit unsichere Bedarfe ausgerichteten Push-Systemen orientiert sich das Pull-Prinzip am Verbrauch. Die Nachversorgung wird durch Unterschreiten eines definierten Bestandes zeitnah ausgelöst.

Die zeitnahe Informationsweitergabe nach dem Motto „Ist was weg, muss was hin" gibt dem Lieferanten einen unmittelbaren Überblick zur aktuellen Bedarfssituation. An diese Information ist ein Versorgungsauftrag gebunden. Diese Beauftragung kann in selbststeuernden Regelkreisen erfolgen. Das Ergebnis ist eine Reduzierung von Lagerbeständen sowie eine Erhöhung der Flexibilität auf sich ständig verändernde Bedarfsmengen.

Pull-Systeme sind gekennzeichnet durch:

▶ Verbrauchsorientierung (Holprinzip),
▶ dezentrale selbststeuernde Regelkreise,
▶ flexible Reaktion auf kurzfristige Änderungen.

WIE GEHE ICH VOR?

Bei der auslastungsorientierten Auftragssteuerung nach dem Push-Prinzip zielen die Optimierungsansätze stark auf die Verbesserung der zentralen Steuerungssysteme ab. So versucht man unter anderem eine bessere Planungssicherheit durch den Einsatz von kollaborativen Planungssystemen zu erreichen, welche die aktuelle Ressourcensituation in einer finiten Planung berücksichtigen können.

Also ein Planen gegen begrenzte und realistische Kapazitäten, die der aktuellen Produktionssituation entsprechen.

Diese neuen APS-Systeme (APS: Advanced Planning and Scheduling) versuchen durch ihren übergreifenden Ansatz einen für die gesamte Supply Chain optimalen und für alle Prozessbeteiligten machbaren Gesamtplan zu erzeugen.

Die Umsetzung des Pull-Prinzips zielt eher auf eine effizientere Ablaufgestaltung direkt in der Produktion. So ist z.B. die Einführung von Kanban eine bewährte Art und Weise, eine Produktionsablaufsteuerung nach dem Pull-Prinzip zu realisieren. Diese Art der Auftragsfreigabe orientiert sich ausschließlich am Bedarf der verbrauchenden Stelle im Prozessablauf.

In einem selbststeuernden einfachen Regelkreis wird durch Unterschreiten eines definierten Meldebestands beim Verbraucher/Kunden ein Nachversorgungsauftrag beim Lieferanten angestoßen. Dies kann z. B. durch Übergabe einer Kanban-Karte vom Verbraucher an den Erzeuger erfolgen. Im Gegensatz zur traditionellen Werkstattsteuerung, bei der die Aufträge mit Menge und Termin deterministisch vergeben werden, erfolgt die Beauftragung nach dem Kanban-Prinzip mit aktuellen Bedarfen und aktuellen Beständen. Doch ganz ohne PPS/ERP-System geht es auch bei Kanban nicht. Auch wenn die Materialnachversorgung in schnellen, selbststeuernden werkstattnahen Regelkreisen erfolgt, braucht man für die mittel- und langfristige Produktionsprogrammplanung PPS-Funktionen (Material- und Kapazitätsplanung).

 Damit das ziehende Prinzip auch tatsächlich „lean" bleibt, muss man bei der Umsetzung einige Regeln zwischen Verbraucher und Erzeuger vereinbaren:

- Der Verbraucher darf keine Aufträge vorziehen (sonst entsteht beim Erzeuger ein vorzeitig erhöhter Materialbedarf).
- Der Erzeuger beginnt erst dann mit der Auftragsbearbeitung, wenn eine Bestellung vorliegt.
- Der Erzeuger darf nicht mehr als die vereinbarte Bestellmenge bereitstellen.
- Die Anzahl der „Kanban-Karten" ist dem Produktionsvolumen anzugleichen. Das Ziel ist, mit möglichst wenig Karten zu steuern.

Für Kanban sind in erster Linie Teile geeignet, die eine geringe Verbrauchsschwankung und eine relativ hohe Vorhersagegenauigkeit haben.

Bei hoher Varianz der Produkte und unstetigen Verbräuchen im Besonderen bei teuren selten gebrauchten kundenindividuellen Zulieferteilen würde eine Steuerung nach dem Kanban-Prinzip übermäßig hohe Bestände erzeugen. Mit dem Prinzip der produktionssynchronen Beschaffung versucht man, diese Bestände zu verhindern. Um dies zu erreichen, werden mit den Lieferanten längerfristige Liefervereinbarungen ausgehandelt, die unter anderem den Erzeuger verpflichten, die benötigten Materialien zum benötigten Termin anzuliefern. Bei einer Just-in-sequence-Belieferung (JIS) sorgt der Lieferant nicht nur dafür, dass die benötigten Module zur richtigen Zeit in der richtigen Menge angeliefert werden (das wäre dann „just in time"), sondern auch dafür, dass dies auch in der richtigen Reihenfolge (taktgenau „in sequence") passiert. Man kann auf diese Weise dem Ideal einer lagerlosen Produktion schon sehr nahe kommen.

6.3   Engpassmanagement

WORUM GEHT ES?

Wenn Wertstromprinzipien in einer Fabrik oder Organisation gelebt werden, werden die Bestände im Prozess zunehmend geringer und die Durchlaufzeiten kürzer. Im Idealfall entsteht eine Wertschöpfungskette, bei der Material ohne Zwischenlagerung direkt von einem Prozess zum nächsten weitergeleitet wird (Fließproduktion). Dieser Fluss des Materials durch die Wertschöpfungskette setzt voraus, dass jeder Prozess jederzeit in der Lage ist, die anfallenden Aufträge in der erforderlichen Geschwindigkeit (im Takt) zu bearbeiten und weiterzureichen. Bestände zwischen den Prozessen, welche kurzfristig Ungleichmäßigkeiten zwischen den Prozessen ausgleichen können, sind sehr klein gewählt oder eliminiert. Nun leuchtet schnell ein, dass eine solche Wertschöpfungskette in ihrer Gesamtheit nur so leistungsfähig sein kann wie ihr schwächstes Glied. So wird sich die Geschwindigkeit/der Takt der Wertschöpfung an dem Prozess orientieren müssen, welcher momentan die geringste Leistungsfähigkeit besitzt. Dieser Prozess mit der geringsten Leistungsfähigkeit bestimmt die Leistung des Gesamtsystems, wir nennen ihn Engpassprozess. Ressourcen in Form von Mitarbeitern und Maschinenkapazität werden wegen des Engpasses nicht genutzt, sondern verschwendet.

WAS BRINGT ES?

Wenn es gelingt, den Durchsatz am Engpass zu erhöhen, winkt ein vielfacher Nutzen: Alle anderen Prozesse in der Wertschöpfungskette erfahren eine höhere Auslastung und arbeiten so effektiver und kostengünstiger. Es lohnt sich folglich besonders, den Engpass zu betrachten und zu optimieren, weil das Gesamtsystem davon profitiert, so lange jedenfalls, bis ein anderer Prozess zum Engpass geworden ist. Nun muss das Spiel am neuen Engpassprozess von vorn beginnen.

Das Engpassmanagement hat zum Ziel, Engpässe zu erkennen, die Ursachen für den Engpass zu verstehen und den Engpass mit geeigneten Mitteln abzustellen.

WIE GEHE ICH VOR?

Engpassprozess erkennen

Es gibt immer einen Engpass. In einer Produktion ist ein Engpass leicht durch Stau an Material oder fehlende Versorgung nachfolgender Prozesse erkennbar. Findet sich kein Engpass, so liegt dieser außerhalb des betrachteten Systems, z.B. beim Zulieferanten oder am Markt, der die Produkte nicht aufnimmt.

Engpassprozess auslasten

Im ersten Schritt ist dafür Sorge zu tragen, dass der Engpassprozess besser ausgelastet wird. Stillstandszeiten sind aufzunehmen und abzustellen. Prozesszeiten, aber insbesondere auch Neben- und Rüstzeiten sind zu betrachten und gegebenenfalls zu optimieren. Verfahrensanweisungen, Regelungen und Gewohnheiten, welche den Durchsatz behindern, sind zu prüfen und gegebenenfalls zu streichen oder zu ändern.

Rahmenbedingungen verbessern

Hier gilt es zu schauen, welche Maßnahmen im Umfeld den Durchsatz am Engpass erhöhen können. Oft können (Neben-)Tätigkeiten in vorhergehende oder nachfolgende Prozesse verlagert werden. Auch wenn diese Tätigkeiten dort möglicherweise mit höheren Kosten erfolgen, kann sich diese Rechnung lohnen, weil der Engpass entlastet wird und der Gesamtdurchsatz steigt. Auch eine dritte Schicht, Samstagsarbeit oder das zeitweise Versetzen von Mitarbeitern sowie das Einstellen von Zeitarbeitnehmern sind Möglichkeiten, den Engpass zu entlasten. Gegebenenfalls findet sich ein Lieferant, welcher als „verlängerte Werkbank" einspringen kann.

Kapazität erweitern

Helfen die genannten Maßnahmen nicht und der Engpass tritt dauerhaft oder wiederkehrend an der gleichen Stelle auf, so muss die Kapazität des Engpassprozesses erweitert werden. Dies bedeutet in der Regel eine Investition in Maschine oder Mitarbeiter.

Engpässen wirksam vorbeugen

Ein sauberer Abgleich der Produktionskapazitäten bei Planung und Investition hilft, chronische Engpässe zu vermeiden. Auch eine Belegungsplanung auf Basis des Bestelleingangs sowie die Glättung des Produktionsmix (Heijunka) helfen vorbeugend, vorhersehbare Engpässe durch eine angepasste Planung von Urlaub, Maschinenwartung und Schichtmodell zu entschärfen. Trotzdem werden durch kurzfristige Auslastungsschwankungen und Störungen wie Krankheit, Maschinenausfall oder nicht termingerechte Anlieferung von Rohmaterial immer wieder kurzfristig Engpässe auftreten! Hier helfen nur flexible Mitarbeiter, ein flexibler Maschinenpark und kurze Entscheidungswege, um Engpässe gleich nach dem Entstehen zu bekämpfen. Meist sind es Verschwendung, fehlende Flexibilität, unnötige Regeln und lange Informations- und Entscheidungswege, welche Engpässe erzeugen oder verschärfen.

Nutzung von IT-Systemen

Produktionsbereiche, welche eine sehr hohe Anzahl unterschiedlicher Produkte fertigen, werden ab einer gewissen Größe sehr unübersichtlich, weil sich kein erkennbarer Fluss des Materials schaffen lässt. Die zentrale Planung der Produktion kann einen wesentlichen Beitrag im Engpassmanagement liefern, wenn diese die Aufträge und die real vorhandenen Kapazitäten quasi in Echtzeit erfasst und abgleicht. Dazu gibt es spezielle IT-Werkzeuge (APS-Systeme). Die traditionelle Produktionsplanung ohne zeitnahe Berücksichtigung der realen Verhältnisse ist hingegen kontraproduktiv.

Effektives Engpassmanagement setzt voraus, dass

- … der Fokus auf dem Engpass liegt. Dieser ist der Schlüssel zu mehr Gesamtproduktivität!
- … täglich (gegebenenfalls stündlich) über Probleme und Engpässe in der Produktion informiert wird.
- … die flexible Einsetzbarkeit der Mitarbeiter durch Schulung, Jobrotation, Gruppenarbeit und Nutzung flexibler Arbeitszeitmodelle gefördert wird.
- … grundsätzlich in flexible Maschinen und Betriebsmittel investiert wird.
- … Produktionskapazität aufgrund der hohen Kosten nur dann erweitert wird, wenn alle Möglichkeiten der Verschwendungsvermeidung, der flexiblen Arbeitsorganisation und Eliminierung störender Gewohnheiten und Regeln ausgeschöpft sind.

6.4 Rüstzeitoptimierung

WORUM GEHT ES?

Durch eine immer größere Variantenanzahl, kürzere Durchlaufzeiten und höhere Flexibilität in der Fertigung kommt immer mehr der eigentliche Rüstprozess einer Maschine oder Anlage in den Blickpunkt einer schlanken Fertigung.

Rüsten ist das Vor- und Nachbereiten einer Maschine, Anlage oder eines Arbeitsplatzes, um einen Auftrag ausführen zu können.

Eine wirkliche Wertschöpfung im Prozess ist das Rüsten nicht. Jeder einzelne Mitarbeiter hat sich mit der Zeit einen für sich individuellen Rüstablauf antrainiert. Um Rüstzeiten optimieren zu können, muss das Erfahrungswissen der Mitarbeiter bzw. Maschinenbediener einfließen. Entstehende neue Abläufe (Best Practice) müssen geschult und trainiert werden, damit die angestrebten Veränderungen nachhaltig umgesetzt werden können.

WAS BRINGT ES?

Kürzere Rüstzeiten unterstützen den Wertstromgedanken.

Um kleinere Losgrößen zu ermöglichen und die Flexibilität der Maschinen/Anlagen zu erhöhen, ist ein optimiertes und standardisiertes Umrüsten (Best-Practice-/externes und internes Rüsten) notwendig. Erst durch eine reduzierte Rüstzeit können die Losgrößen kostenneutral verkleinert werden. Es gilt die Faustregel: Wird die Rüstzeit um 30 % reduziert, kann auch die Mindestauftragslosgröße um diesen Prozentsatz kostenneutral reduziert werden. Durch die detaillierte

Analyse des gesamten Rüstprozesses wird die Verschwendung der einzelnen Arbeitsschritte erkannt. Nicht notwendige Handlingstufen, ineffektives Umfeld, weite Wege, Zeiten, die für Suche von Werkzeug oder Warten auf Dienstleister verschwendet werden, die für den Rüstprozess zuarbeiten, sind nur einige Punkte, die im Analyseprozess erkannt werden.

Dauerhafte Erfolge stellen sich ein, wenn die Aktivitäten durch wirksame Rahmenbedingungen auf betrieblichen Ebenen aktiv und konsequent unterstützt werden. Gemeint sind hier z. B. Unterstützung durch die Arbeitsplanung, logistische Bereiche, Werkzeugvoreinstellungsgruppe usw.

WIE GEHE ICH VOR?

Am Anfang eines jeden Rüst-Workshops steht das sogenannte Auftragsgespräch mit dem Auftraggeber. Bei diesem Gespräch werden die Ziele, Grenzen und Rahmenbedingungen, am besten schriftlich, definiert und abgestimmt. Die Teilnehmer und deren Kapazität werden festgelegt sowie die Maschinen oder Anlagen, die optimiert werden. Durch einen genau festgelegten Terminplan entsteht für alle Teilnehmer die gewünschte Transparenz.

Einige Tage vor dem Workshop werden die Mitarbeiter im Bereich über die geplante Aktion informiert. Es werden die Ziele kommuniziert, der Terminplan wird vorgestellt und eine kurze Information, wie der Workshop abläuft, präsentiert.

Der eigentliche Rüst-Workshop gliedert sich in drei Phasen:

▶ **Phase 1** – Jeder Teilnehmer im Workshop bekommt seine Aufgabe (Rolle) zugeteilt, es werden Standardaufnahmeblätter und Checklisten für die Istaufnahme ausgegeben und vor Ort erste Eindrücke gesammelt. Ziel dieser ersten Phase ist die detaillierte Aufnahme des Rüstprozesses. Als Hilfsmittel kann natürlich auch die Aufnahme per Video die Istaufnahme verbessern.

▶ **Phase 2** – Der Istablauf wird nun mithilfe der Prozess- und Datenblätter auf Flipchart und Brown Paper aufgezeichnet und visualisiert. Das sogenannte Istdrehbuch wird mithilfe der Informationen und eventuellen Videoaufnahmen zusammen mit den Teilnehmern ausgearbeitet und erstellt. Dabei können Sie durch die Diskussion erste Erkenntnisse und Optimierungen erkennen. Stellen Sie daher immer wieder die Frage: „Kann der Vorgang entfallen oder verbessert werden?" Durch Hinterfragen der bestehenden Abläufe können Optimierungen und Maßnahmen erarbeitet werden.

▶ **Phase 3** – Im neu erstellten Ablauf eines Rüstprozesses wird unterschieden in ein externes und internes Rüsten. Im externen Rüsten läuft die Maschine/Anlage noch und ist produktiv und nur im internen Rüsten steht sie. Mit Checklisten und einem optimierten Solldrehbuch wird der zukünftige gesamte Rüstprozess unterstützt und beschrieben. Notwendige Verbesserungen und Optimierungen an Vorrichtungen, Hebezeugen und sonstigen Hilfsmitteln werden durch geeignete Maßnahmen vor Ort umgesetzt.

Mit der Aufnahme eines erneuten Rüstprozesses werden die Ergebnisse überprüft und eventuell angepasst. Die Teilnehmer des Rüst-Workshops präsentieren die Ergebnisse und Verbesserungen dem Management am Ende des Workshops.

Der Zeitaufwand von zwei bis vier Tagen für einen Rüst-Workshop kann nur als grober Anhaltspunkt genannt werden.

Ein Maßnahmen- oder Projektplan unterstützt die noch umzusetzenden Verbesserungen.

Ein nachfolgendes Trainingskonzept für alle notwendigen Mitarbeiter, die die Maschinen/Anlagen bedienen, ist Grundvoraussetzung für die Anwendung der neuen Rüstabläufe. Mit allen betroffenen Mitarbeitern müssen die Checklisten und das Solldrehbuch durchgesprochen und erläutert werden. Eine fundierte Begleitung während des Trainings unterstützt die Mitarbeiter, sich auf die neue Situation einzustellen.

 Durch ein einmaliges Training nach den Vorgaben eines Rüstdrehbuches ist dieses Vorgehen den Mitarbeitern noch lange nicht in „Fleisch und Blut" übergegangen. Hier sind Ausdauer und ein langer Atem seitens der Verantwortlichen notwendig. Nur wenn die Mitarbeiter erfahren, dass es wichtig ist, nach dem neuen Ablauf die Maschine oder Anlage zu rüsten, besteht die Chance, nicht wieder in alte Muster zurückzufallen.

Im Sinne einer kontinuierlichen Verbesserung und Optimierung kann nach einigen Monaten ein weiterer Rüst-Workshop eingeplant werden, dabei wird sich der tatsächliche Umsetzungsgrad der ersten Rüstoptimierungen erkennen lassen.

Ein wichtiges Hilfsmittel ist die Standardisierung der verwendeten Werkzeuge und Vorrichtungen und Maßnahmen, wie:

▶ Einführung von Schnellspannvorrichtungen,
▶ standardisierte Verschraubungen und Vorrichtungen,
▶ Anwendung des Prinzips KVP und Poka Yoke,
▶ externes Einstellen der Werkzeuge auf ein definiertes Maß,
▶ paralleles Arbeiten mehrerer Mitarbeiter,
▶ Festlegen des Rüstvorganges mit Checklisten und Arbeits-
anweisungen.

6.5 Der Begriff EPEI als Kennzahl der Flexibilität

WORUM GEHT ES?

EPEI steht für „Every Part Every Interval". Der Zeitraum, der benötigt wird, um die Rüstfolge über alle Varianten einmal komplett zu durchlaufen, heißt EPEI-Wert.

WAS BRINGT ES?

Die Forderung, Produkte in den kleinstmöglichen Mengen flexibel zu produzieren, wird in der Praxis immer wieder belächelt und scheint in den meisten Unternehmen unmöglich zu sein. Der EPEI-Wert ist „ein" Hilfsmittel, um sich diesem Ziel in kleinen Schritten zu nähern.

Wird der Bedarf eines Produktes alle zwei Wochen produziert, so sollte die Fertigung dieses Produktes in jeder Woche als erstes Zwischenziel angestrebt werden. Jedes Teil jeden Tag oder noch besser jedes Teil jede Schicht zu produzieren bedingt natürlich auch ein häufigeres Rüsten. Damit dies aber nicht zu Produktivitätsverlusten führt, sind die verschiedenen Optimierungsmethoden aus dem Produktionssystembaukasten anzuwenden und die notwendigen Verbesserungen umzusetzen.

WIE GEHE ICH VOR?

Im Unterschied zu der bloßen Angabe von Rüstzeiten und Losgrößen kann man aus dem EPEI-Wert sehr leicht ablesen, wie flexibel ein Produktionsprozess momentan ist. Der EPEI-Wert im Istzustand eines Produktionsprozesses ergibt sich aus der Summe der Bearbeitungszeit für alle Produktvarianten in den jeweils vorgegebenen Losgrößen zuzüglich der notwendigen Rüstzeiten sowie geplanter und ungeplanter Stillstände. Dieser Wert besagt, wie lange es unter den aktuellen Bedingungen dauert, bis alle Varianten einmal produziert worden sind.

Im Fall gleicher Losgrößen und Rüstzeit je Variante erhält man den EPEI-Wert durch Addition aller Bearbeitungs- und Rüstzeiten. Alternativ lassen sich jeweils auch die Mittelwerte einsetzen. Bei variantenabhängigen Losgrößen oder reihenfolgeabhängigen Rüstzeiten kann man auch die entsprechenden Einzelwerte addieren.

Noch nicht berücksichtigt sind geplante und ungeplante Stillstände der Ressourcen. Diese entstehen durch vorbeugende Instandhaltung und Reparatur oder Maschinenstörungen. Der idealerweise erreichbare EPEI-Wert ist demnach noch um die technische Verfügbarkeit V der jeweiligen Ressourcen zu korrigieren und erhöht sich dadurch entsprechend:

$$EPEI = \frac{\sum BZ + \sum RZ}{Res * V * AZ} = \frac{Var}{Res*V} * \frac{\left[(LG*BZ) + RZ\right]}{AZ}$$

BZ: Bearbeitungszeit pro Stück (Ø) [Zeiteinheit]
RZ: Rüstzeit [Zeiteinheit]
Res: Anzahl gleicher Ressourcen [Stück]
AZ: tägliche Arbeitszeit [Zeiteinheit]
Var: Anzahl der Varianten [Stück]
LG: Losgröße (Durchschnitt) [Zeiteinheit]
V: Varianz

6.6 TPM

WORUM GEHT ES?

TPM steht für Total Productive Maintenance. Dabei steht im Vordergrund, die Verfügbarkeit von Anlagen und Maschinen zu erhöhen, um Störungen im Produktionsfluss zu vermeiden. Je schlanker die Abläufe und je kleiner die Bestände werden, umso problematischer werden Maschinenstörungen. Es gibt weniger Material zwischen den Prozessen, damit werden immer mehr Folgebereiche betroffen und die Liefertermine sind nicht mehr einzuhalten. TPM steht dabei für den Aufbau eines umfassenden Instandhaltungskonzeptes, das auch die Mitarbeiter vor Ort – in begrenztem Umfang – mit einbezieht. In jüngerer Zeit steht TPM auch immer häufiger für Total Productive Management und hat damit die Systemgrenze der Instandhaltung verlassen (siehe Pocket Power „Total Productive Management").

TPM hat seine Wurzeln in der Instandhaltung. Dabei geht es primär darum, durch umfassende, ganzheitliche Konzepte bzw. abgestimmte Maßnahmen die Anlagen- und Maschinenausfälle systematisch zu reduzieren. Es werden nicht nur interne/externe Instandhalter, sondern auch die Maschinenbediener mit einbezogen. Letztere übernehmen beispielsweise Reinigungsarbeiten. Bei fachlichen Voraussetzungen und nach intensiver Schulung sind in begrenztem Rahmen auch kleinere Inspektions- und Wartungsarbeiten möglich – Gesetze, Bestimmungen, Vorschriften usw. sind in diesem Zusammenhang unbedingt zu beachten, sie können den Handlungsspielraum begrenzen.

WAS BRINGT ES?

Was nutzen die besten Abläufe, wenn Engpassanlagen ständig zu Störungen und Problemen führen? TPM unterstützt ein Unternehmen dabei, seine Instandhaltung optimal in die Produktion zu integrieren. Ziel ist es, die Anlagenverfügbarkeit systematisch und konsequent zu verbessern. Mit TPM lassen sich aber auch noch eine ganze Reihe weiterer Ziele verfolgen wie etwa die Reduzierung von Ausschuss und Nacharbeit, eine wirtschaftlichere Instandhaltung und Team-Spirit durch verstärkte Mitarbeiterbeteiligung.

WIE GEHE ICH VOR?

Zunächst einmal sollte man sich Transparenz über die aktuelle Situation verschaffen (Anlagenausfälle, Ursachen, Einrichtverluste, Qualitätsmängel). Daraus lassen sich Schwerpunktprobleme ableiten, die systematisch zu beseitigen sind.

Die Einbeziehung der Mitarbeiter vor Ort ist ein nächster wichtiger Schritt. Dabei übernehmen die Produktionsmitarbeiter in begrenztem, klar festgelegtem Umfang einfache Instandhaltungstätigkeiten (a**utonome Instandhaltung**). Der Umfang hängt unter anderem von ihrer Ausbildung, aber auch von rechtlichen Bestimmungen/Vorschriften usw. ab, die Grenzen aufzeigen. Abgestimmte Wartungs-, Reinigungspläne und Checklisten (produkt-, anlagenspezifisch) dienen als Vorlage. Viele Unternehmen beginnen zunächst einmal mit 5 S, lassen ihre Mitarbeiter aufräumen und Schwachstellen und Probleme erfassen.

Vorbeugende bzw. geplante Instandhaltung durch interne bzw. externe Fachleute mit hohen Instandhaltungskenntnissen stellt sicher, dass die Anlagenverfügbarkeit auf hohem Niveau bleibt.

Bereits bei der Planung, Beschaffung und Inbetriebnahme von Maschinen und Anlagen sollten Instandhaltungsaspekte einfließen (**präventive Instandhaltung**).

Systematische und umfassende **Schulung bzw. Trainings** für die Mitarbeiter sind notwendig, um genügend Praxiswissen in Produktion und Instandhaltung aufzubauen bzw. kontinuierlich weiter zu verbessern.

Um Erfolge bzw. Abweichungen sichtbar zu machen, gibt es eine Reihe von spezifischen Kennzahlen in diesem Umfeld. Die **OEE-Kennzahl** (OEE = Overall Equipment Effectiveness) ist eine der bekanntesten. Sie kann mit Gesamtanlageneffektivität (GAE) übersetzt werden und zeigt auf, wie wertschöpfend eine Anlage bzw. Maschine im Produktionsablauf eingesetzt wird. Die OEE-Kennzahl ist dabei das Produkt aus Verfügbarkeits-, Leistungs- und Qualitätsfaktor.

6.7 Tätigkeitsanalyse

WORUM GEHT ES?

Um Potenziale in den Arbeitsprozessen zu erkennen, muss man sie detailliert betrachten. Es kann hierbei schon ausreichend sein, Mitarbeiter in ausgewählten Prozessschritten oder im Tagesgeschäft einfach zu begleiten, um zu erkennen, wo Verbesserungsansätze zu finden sind. Dabei geht es weniger darum, mit welcher Geschwindigkeit von einem Mitarbeiter (Leistungsgrad) eine Arbeit erledigt wird, als viel mehr darum, zu analysieren, welche Tätigkeiten nicht wertschöpfend bzw. Verschwendung sind.

 Durch Begleiten eines Arbeitsprozesses und systematisches Analysieren der einzelnen Arbeitsschritte lassen sich Potenziale für Verbesserungen erkennen. Arbeitsschritte können nach Wertschöpfung, unterstützender Tätigkeit und Verschwendung unterschieden werden (vgl. Kapitel 2).

WAS BRINGT ES?

Mit einer Tätigkeitsanalyse erkennt man in der Regel recht schnell Probleme und Schwachstellen. Wenn die Mitarbeiter innerhalb von zwei Stunden 1,5 Kilometer Laufwege haben, dann liegen die Ursachen wohl darin, dass zu viel benötigtes Material oder Equipment nicht in Arbeitsplatznähe ist. Vorgesetzte sind oft überrascht, wie groß die nicht wertschöpfenden Arbeitsanteile sind. Tätigkeitsanalysen schaffen Transparenz und ZDF (Zahlen – Daten – Fakten). Auch Themen wie Ergonomie, Arbeitssicherheit und Qualität kommen dabei oft in den Fokus.

WIE GEHE ICH VOR?

Vor einer Tätigkeitsanalyse sind Mitarbeiter und Betriebsrat zu informieren. Eine Tätigkeitsanalyse erfordert am Anfang etwas Übung. Der Beobachter begleitet den Mitarbeiter bei seiner Arbeit, schreibt die Teilaktivitäten auf, erfasst die Zeiten, entscheidet, ob sie wertschöpfend sind, welche Verschwendung sie enthalten usw. Häufig ist es sinnvoll, die Laufwege des Mitarbeiters mit zu erfassen („Spaghettidiagramm"). Tabelle 4 zeigt Beispiele aus einer Tätigkeitsanalyse im Wareneingang/-ausgang.

 Vorab erstellte Erfassungsformulare wie beispielsweise die Tabelle 4 erleichtern die Umsetzung der Tätigkeitsanalyse.

Tätigkeit	Zeit	Tätigkeitsart	Laufweg
Verpackungs-material holen	4 min	Verschwendung	120 m!
Warten auf Stapler	2,5 min	Verschwendung	
Teile wiegen, im System erfassen und verpacken	3 min	Wertschöpfend	4 m
Kran „holen" zum Umsetzen	0,5 min	Unterstützend	20 m

Tab. 4: *Beispiele aus einer Tätigkeitsanalyse im Wareneingang/-ausgang*

6.8   KVP

WORUM GEHT ES?

 KVP (= Kontinuierlicher Verbesserungsprozess) beschreibt den Prozess einer „ständigen Verbesserung" in kleinen Schritten, in den alle Mitarbeiter und das gesamte Unternehmen einbezogen werden. Der japanische Begriff dazu heißt „Kaizen".

Es gilt daher, eine kontinuierliche Verbesserung aller Prozesse mit dem Ziel der Kostensenkung, Qualitätsverbesserung und Durchlaufzeitverkürzung anzustreben. Das Mittel dafür ist die Eliminierung nicht wertschöpfender Tätigkeiten (Verschwendung [Muda]) durch alle Mitarbeiter.

Die KVP-Philosophie ist nicht die sprunghafte Verbesserung durch Innovationen, sondern eine schrittweise und kontinuierliche Optimierung und Perfektionierung von Fertigungs-, Ablauf- und Informationsprozessen.

Für alle Mitarbeiter und Vorgesetzte ist es daher selbstverständlich, die kontinuierliche Verbesserung als eine tägliche und permanente Aufgabe zu sehen. Jeder Mitarbeiter beginnt bei sich selbst und seinem Arbeitsumfeld, des Weiteren fördern und treiben die Führungskräfte KVP.

WAS BRINGT ES?

In der Industrie wird gerne allzu oft nach schnellen Lösungen durch Innovationen gesucht. Neue Maschinen oder neue Technologien bringen aber nicht immer die gewünschten Ergebnisse. Durch ein KVP-Konzept erreicht man über die Jahre eine aufwärtsgerichtete Verbesserungsschleife, die sehr stark durch die Mitarbeiter getragen und gelebt wird. Bei den Mitarbeitern entstehen dadurch eine Motivationssteigerung und eine größere Verantwortlichkeit. Durch die vielen kleinen Verbesserungen und guten Ideen werden auch Verschwendungen abgebaut, die in ihrer Summe monetär nicht zu unterschätzen sind. Mit KVP wird daher eine ständige Produktivitätssteigerung erreicht.

Hier nur einige wenige Beispiele:

▶ Es wird erkannt, dass Material oft in Zwischenpuffern gelagert wird und durch die vielen Handlingstufen eine erhöhte Beschädigungsgefahr besteht.

▶ Suchaufwände werden durch „Shadow Boards" und aufgeräumte Werkzeugschränke erheblich reduziert.

▶ Bewegungsabläufe werden verbessert und die Verletzungsgefahr wird reduziert. So erfolgen die Optimierung und die Verbesserung von Betriebsmitteln und des Arbeitsumfelds.

▶ Arbeitsabläufe werden verbessert und Verschwendungen aller Art reduziert.

▶ Die Kommunikation und Regelvereinbarungen mit anderen Abteilungen werden neu gestaltet.

▶ Die Mitarbeiter lernen systematisch, sich an einen Problemlösungsprozess zu halten, Fehler und Probleme, soweit es in ihren Möglichkeiten steht, selbst zu beseitigen bzw. zu lösen.

 Eine regelmäßige wöchentliche Begehung durch das Management wird die Akzeptanz und Motivation der Mitarbeiter stärken. Bei diesen Begehungen können die Mitarbeiter ihre umgesetzten Verbesserungen direkt und persönlich vor Ort dem oberen Management vorstellen und präsentieren. Bei diesen Treffen wiederum kann das Management durch gezielte Fragen und Diskussionen weiter Verbesserungen initiieren.

WIE GEHE ICH VOR?

Idealerweise ist das KVP-Konzept in ein ganzheitliches Produktionssystem eingebunden. Kleinere Themen im direkten Arbeitsumfeld des Mitarbeiters kann und soll er selbständig, nur in Absprache mit seinem Vorgesetzten, umsetzen.

In einem KVP-Konzept kann durch Tages-Workshops das Augenmerk auf die Untersuchung von Arbeitsabläufen gelenkt werden. Diese Prozessuntersuchung im Hinblick auf Menschen, Maschinen, Material und Arbeitsmethoden wird durch die eigenen Mitarbeiter im Bereich unternommen. Im Workshop selbst werden die Mitarbeiter durch kurze theoretische Stepps dahin gehend geschult, dass sie einen Blick für die in einem Unternehmen bestehenden Verschwendungen (Muda) erkennen. Ein offener und konstruktiver Umgang mit den dort erarbeiteten und aufgezeigten Problemen erzeugen mit der Zeit eine positive KVP-Kultur. Es empfiehlt sich, wie folgt vorzugehen:

▶ Im Vorfeld eines Workshops sind die Zielsetzung und die Aufgabenabgrenzung mit der Führungskraft abzustimmen und in Standardformblättern festzuhalten. Es hat sich auch bewährt, die Dokumentation des Istzustandes und die Ausarbeitungen im Workshop mit Bildern zu dokumentieren.

▶ Der erste Schritt ist eine Schwachstellenanalyse unter dem Fokus der Vermeidung von Verschwendung. Unter der

Zuhilfenahme von Flipchart, Moderationskärtchen und Brown Paper werden die zu untersuchenden Prozesse visualisiert und anschließend analysiert. Eventuell sollten im Vorfeld Zahlen, Daten und Fakten zusammengetragen sein.

▶ Aus diesen Aufschreibungen und Ausarbeitungen werden in einem weiteren Schritt gemeinsam Lösungsansätze erarbeitet und wird eine erste grobe Kosten-Nutzen-Abschätzung durchgeführt.

▶ Eine Priorisierung und Bewertung der notwendigen Maßnahmen sowie die Überführung in einen Aktionsplan mit Terminen und Verantwortlichkeiten sind die besten Voraussetzungen für eine schnelle Umsetzung der Themen.

Die Vorstellung der umgesetzten zeitnahen Verbesserungen bei der nächsten regelmäßigen Bereichsbegehung vor dem oberen Management motiviert die Mitarbeiter und gibt jedem Beteiligten das Gefühl, einen positiven Beitrag geleistet zu haben.

KVP-Aktionen sind nicht nur auf die Werkstattbereiche beschränkt, sondern können in gleichem Maße in den Büros aller Abteilungen durchgeführt werden.

6.9 Standardisierung

WORUM GEHT ES?

Zur ständigen Steigerung von Qualität und Effizienz von bestimmten Tätigkeiten bietet sich die Methode „standardisierte Arbeit" an. Hierbei geht es darum, unter verschiedenen Varianten und Möglichkeiten der Tätigkeitsausführung die bestmögliche auszuwählen, anzuwenden und zu standardisieren.

Beispiele um Standards zu unterstützen, sind Checklisten, Formblätter, One-Point Lessons, Vorlagen und Arbeitsblätter.

Der Kontinuierliche Verbesserungsprozess wird durch die Anwendung des PDCA-Zyklus sichergestellt (PDCA = Plan, Do, Check, Act). PDCA ist ein vierphasiger Problemlösungsprozess, der einen Kreislauf der Verbesserung beschreibt und die Umsetzung maßgeblich unterstützt.

WAS BRINGT ES?

Mit dem PDCA-Zyklus wird im Unternehmen eine stetige Verbesserung der Prozesse und Abläufe erreicht. Ziel ist es auch, bei den Verbesserungen und der Umsetzung ein standardisiertes Vorgehen anzuwenden. Durch dieses konsequente Anwenden der einzelnen Zyklen findet eine ständige Verbesserung und Optimierung statt.

WIE GEHE ICH VOR?

Plan: Der jeweilige Prozess, der verbessert werden soll, wird untersucht und analysiert, dazu sollen alle notwendigen Zahlen und Daten genutzt werden. Der neue Ablauf oder die Verbesserung muss vor der Umsetzung geplant werden. Unbedingt sollten dabei die betroffenen Mitarbeiter bei der Konzepterstellung mit einbezogen werden, um auch deren Akzeptanz zu haben.

Do: Die Umsetzung sollte immer erst an einer Maschine, Anlage oder einem Arbeitsplatz erprobt werden, um noch bestehende „Kinderkrankheiten" beseitigen zu können. Erst dann kann Schritt für Schritt die Verbesserung in die Breite getragen werden.

Check: Der im Kleinen realisierte neue Prozessablauf oder die Verbesserung und seine Resultate werden sorgfältig überprüft und beobachtet. Bei einem positiven Ergebnis kann dann die Umsetzung auf breiter Front als Standard freigegeben werden.

Act: In der Phase Act wird dieser neue Standard eingeführt, festgeschrieben und regelmäßig mit Checklisten und Audits überprüft. Diese Standards werden dann nach einer gewissen Zeit aber immer wieder auf den Prüfstand gestellt und ein neuer Zyklus kann beginnen.

Erst wenn auch die dann erkannten Verbesserungen den PDCA-Zyklus durchlaufen haben, wird der bestehende Standard durch einen neuen Standard abgelöst.

6.10 Visuelles Management

WORUM GEHT ES?

Ein Unternehmensberater hat das Ziel der Visualisierung im Produktionsumfeld einmal sehr anschaulich zusammengefasst: „… das Auge steuert die Fabrik". Es gibt hier große Unterschiede zwischen den einzelnen Unternehmen. In manchen Produktionshallen erkennt man auch als Besucher sofort den Materialfluss, ja sogar der aktuelle Produktionsstand bzw. Abweichungen sind schnell sichtbar. Die Informationsboards sind aktuell gepflegt und man hat das Gefühl, dass „alles seinen Platz hat und hohe Transparenz herrscht". Man spricht hier von Visualisierung bzw. vom visuellen Management. Diese Methode wird auch oft im gleichen Atemzug mit KVP, 5 S und Standardisierung genannt.

Visuelles Management ist eine Methode zur übersichtlichen und verständlichen Darstellung von Informationen.

Sie unterstützt die Mitarbeiter und Vorgesetzten, Ziele, Ergebnisse, aber auch Abweichungen sofort zu erkennen und zeitnah zu handeln. Die Gestaltung und der aktuelle Stand von Prozessen und Arbeitssystemen werden transparenter. Gute Visualisierung verbessert damit auch Effizienz, Qualität und Arbeitssicherheit.

WAS BRINGT ES?

Visualisierung ist damit ein wichtiges Instrument, wenn es gilt, Prozesse transparent und stabil zu machen, so, wie es ein schlanker Wertstrom erfordert. Sie kann die Werkstatt gleichermaßen beim Steuern von Logistikprozessen wie auch beispielsweise beim zeitnahen Erkennen von Abweichungen und Problemen unterstützen.

Typische Ziele für Visualisierungsmaßnahmen sind:

▶ Abweichungen vom Normalzustand und somit Probleme transparent machen.
▶ Regeln sichtbar machen.
▶ Komplexität reduzieren.
▶ Ordnung halten, die im Betrieb Voraussetzung für Qualität, Wirtschaftlichkeit, aber auch Umwelt- und Arbeitsschutz ist.
▶ Selbsterklärende, einfache Ordnungssysteme aufbauen.
▶ Selbststeuernde Regelkreise ermöglichen.
▶ Standardsituationen vor Individualität stellen.

WIE GEHE ICH VOR?

Zunächst muss geklärt werden, was visualisiert werden soll. Die Themenfelder reichen dabei von Arbeitssicherheit bis zur Leistungsvisualisierung. Um erfolgreich zu sein, sollte die Visualisierung aber auch durchgängig geplant werden. Das kann von aussagefähigen, aktuell zu haltenden Kennzahlen-/Infoboards an den Arbeitsplätzen bis zum Farbkonzept für eine komplette Produktionshalle reichen. Die Informationen sollten eindeutig bzw. verständlich dargestellt werden. Idealerweise sollten auch Standards erarbeitet werden, damit beispielsweise nicht jedes Schild anders aufgebaut ist oder damit farbliche Bodenmarkierungen eindeutig sind. Es sollte festgelegt werden, wer für die Aktualisierung der Informationen verantwortlich ist. Umfangreiche Visualisierungsprojekte können auch den Einsatz von Experten erforderlich machen.

 Visualisierte Informationen sollten
1. eindeutig
2. standardisiert
3. aktuell
4. gut erkennbar
5. den Mitarbeitern bekannt bzw. verständlich sein.

Visualisierung kann auf unterschiedlichste Weise erfolgen, beispielsweise:

▶ Bodenmarkierungen zum Zonieren der Hallenflächen,
▶ Schilder mit Warnhinweisen,
▶ Informationsboards mit aktuellen Kennzahlen,
▶ große Flachbildschirme zum Anzeigen von aktuellen Auftragsdaten und Produktionsständen,

▶ Lichtanzeigen/-signale zur Unterstützung des Mitarbeiters im Arbeitsprozess,

▶ Minimum-/Maximum-Markierungen an Regalen und Supermärkten zum einfachen Steuern der Nachversorgung.

Zum Abschluss noch ein Beispiel für eine einfache und pragmatische Visualisierungsleitlinie für die Mitarbeiter eines Montagebereiches:

1. Alles hat seinen Bestimmungsort (Platz).
2. Alles, was häufig oder im Notfall benötigt wird, ist schnell erreichbar.
3. Jeder Mitarbeiter ist für sein direktes Arbeitsumfeld verantwortlich (Sauberkeit und Ordnung).
4. Es wird sichtbar, was zu viel oder zu wenig montiert worden ist.
5. Aktuelle Kennzahlen machen den Erfolg sichtbar und werden zeitnah durchgesprochen.

6.11 Sankey-Diagramm

Um für einen Produktionsbereich ein neues Layout (inklusive verschiedener Alternativen) zu entwickeln, ist neben den Informationen aus dem Soll-Wertstrom auch der Materialfluss ein sehr prägendes Element. Um diese Materialflüsse darzustellen, wird in der Praxis oft ein abgewandeltes Sankey-Diagramm verwendet. In das bestehende Layout werden die Arbeitsplätze sowie die Puffer bzw. Lagerflächen eingezeichnet. Ergänzt wird diese Darstellung aus der „Vogelperspektive" mit den vorhandenen Materialflüssen (Bild 28):

▶ Betrachtungsraum ist vom Wareneingang bis zum Warenausgang des Bereiches.

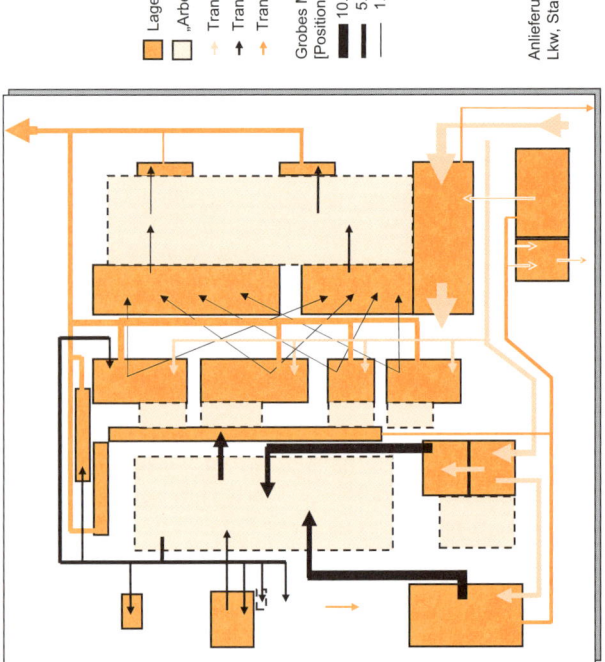

Bild 28: *Beispielhaftes Blocklayout mit Istmaterialfluss und Mengengerüst*

▶ Es werden in der Regel Mengengrößen abgebildet, die sich auf eine Zeiteinheit beziehen (z. B. Behälter oder Transporte pro Arbeitstag).

▶ Die Breite der Linien oder Pfeile verhält sich proportional zur dargestellten Menge.

▶ Bestandsgrößen werden in der Regel nicht berücksichtigt.

Um nun ein neues Layout zu entwickeln, werden folgende typische Ziele für optimierte Materialflüsse verfolgt:

▶ Verkürzung der Durchlaufzeiten,

▶ Reduktion der Transportanzahl und -distanzen,

▶ Vermeidung von „Materialkreuzungen",

▶ optimale Gestaltung der Fahrwege und Puffer,

▶ Reduktion Anzahl der Transportmittel,

▶ „saubere" Strukturen für einen gerichteten Materialfluss schaffen, „alles hat seinen Platz", d. h., alle Puffer bzw. Abstellflächen werden eingeplant und gekennzeichnet – nichts wird mehr auf den Wegen abgestellt.

In der Regel werden die Einsparpotenziale bei den oben genannten Zielen gegenüber dem Istzustand bewertet und den zur Umsetzung des Solllayouts erforderlichen Investitionen und Kosten gegenübergestellt.

6.12 Lean Administration

WORUM GEHT ES?

Die Prozesse im Angestelltenbereich machen einen großen Teil der Durchlaufzeit des Auftrags aus und bestimmen mit, wie schnell der Kunde seine Produkte oder Dienstleistungen bekommt. Lean Administration oder Lean Office hat zum

Ziel, kontinuierlich und nachhaltig die Durchlaufzeiten zu reduzieren sowie die Produktivität in Bürobereichen und in der Werkstatt zu steigern. Genau wie in der Werkstatt geht es darum, Verschwendung in Arbeit, Prozessen und Abläufen zu reduzieren. Dabei sollen im Sinne des kontinuierlichen Verbesserungsprozesses alle Mitarbeiter im administrativen Bereich dazu motiviert werden, sich und ihre Arbeit ständig zu verbessern.

WAS BRINGT ES?

Verschiedene Studien belegen, dass auch in Bürobereichen ein wesentliches Verbesserungspotenzial vorhanden ist. In Tabelle 5 sind die Ergebnisse einer Studie dargestellt. Danach werden 38 % der Arbeitszeit im Büro mit nicht wertschöpfenden Tätigkeiten verbracht.

Die Mitarbeiter werden im Rahmen des KVP stärker als zuvor aufgefordert und gefördert, proaktiv die eigene Arbeit und Prozesse zu verbessern. Aus Sicht der Mitarbeiter steigen dadurch die Zufriedenheit und die Identifikation mit der eigenen Arbeit. Aus Unternehmenssicht wird mit Lean Administration und seinem KVP-Prozess meist ein Kulturwandel eingeleitet. So wird mit der Zeit das Unternehmen als Gesamtorganisation wandlungsfähiger und kann bei Veränderungen schneller reagieren.

WIE GEHE ICH VOR?

In vielen Unternehmen wird Lean Administration mithilfe eines Stufenmodells eingeführt. Dabei hat jede Stufe andere Ziele, die durch den Einsatz geeigneter Methoden erreicht werden soll. Dadurch werden die Mitarbeiter schrittweise mit dem Lean-Gedanken vertraut gemacht.

Bruttoarbeits-zeit		40,7 h	100 %

Zeitverluste durch	Beschreibung	h	%
Unterbrechen	der eigentlichen Arbeit durch Störungen	2,5	6,20
Ausharren	in ineffizienten, zu langen oder ergebnislosen Besprechungen	2	5,00
Suchen/Nach-gehen	von fehlenden Informationen, Unterlagen, Dateien und von nicht erreichbaren Kollegen	3,3	8,20
Warten	auf EDV-Programme, Kollegen, Unterschriften usw.	1,5	3,70
Aufklären	von schlecht delegierten, unklaren oder verwirrenden Aufgaben	1,4	3,50
Korrigieren	von fehlerhaften, unvollständi-gen Vorgaben/Input	1,4	3,40
Aussortieren	von Überinformationen, Werbepost, E-Mail, Spam usw.	1,2	2,90
Befolgen	von komplizierten, überholten oder bürokratischen Abläufen	1,2	2,80
Transportieren	von Papieren von und zum Kopierer, Hauspost usw.	0,9	2,30
Summe Zeitverluste		**15,4**	**38**

Es stehen für die eigentliche, produktive Arbeit noch zur Verfügung:

Netto-arbeitszeit		25,3	62

Tab. 5: *Verbesserungspotenziale im administrativen Bereich (Quelle: Möller 2005, Seite 30 bis 32)*

In der Literatur gibt es verschiedene Stufenmodelle, die sich in der Stufenanzahl und deren Inhalten unterscheiden (z.B. Kurz 2007). Im Folgenden wird exemplarisch ein Stufenmodell vorgestellt.

Level 1: Selbstorganisation fördern

Der Fokus der ersten Stufe liegt auf der Selbstorganisation der Mitarbeiter. Dabei wird zuerst vermittelt, was die Verschwendungsarten im Büro sind. Danach reduzieren die Mitarbeiter im Rahmen eines 5-S-Workshops selbst etwaige Verschwendung am eigenen Arbeitsplatz.

Level 2: Standards vereinbaren

Der nächste Optimierungsschritt ist die Verbesserung der Zusammenarbeit durch Standardisierung im Team. Dabei geht es vor allem um Themen, die mehrere Personen betreffen, wie z.B. EDV-Ablage, Papierablagen, und Formulare ebenso wie Kommunikationsstandards und Besprechungsregeln. Durch Standardisierung finden sich alle Mitarbeiter besser zurecht – sowohl an ihrem eigenen Arbeitsplatz als auch in gemeinsam genutzten Bereichen. Der schnellere Zugriff auf Ablagen verringert Suchzeiten.

Level 3: Prozesse optimieren

In dieser Stufe beschäftigt man sich mit der Verbesserung von (Teil-)Prozessketten. Dafür kann insbesondere bei bereichsübergreifenden Prozessen die in diesem Buch vorgestellte Wertstromoptimierung verwendet werden.

Dieses Stufenmodell mit Schwerpunkt auf dem Kontinuierlichen Verbesserungsprozess kann durch gezielte Innovationen je Stufe unterstützt werden. So können in Stufe 1 bessere Büro- und Raumkonzepte umgesetzt werden, in Stufe 2 E-Workflows z. B. für den Urlaubsbeantragungsprozess implementiert werden und in Stufe 3 Änderungen der Aufbauorganisation zur Förderung der Prozessorientierung durchgeführt werden. Plant man, Lean Administration bei sich im Unternehmen einzuführen, so ist es sinnvoll, nicht einfach bestehende Einführungsmodelle zu übernehmen, sondern diese immer auf die Strukturen, Erfahrungen und Kultur eines jeden Unternehmens anzupassen.

7 Anlagen

Gespräch mit Auftraggeber:
- Klären der Ziele und Rahmenbedingungen
- Produktfamilie/Repräsentant/Prozess auswählen
- Prozessgrenzen festlegen
- Team festlegen (z. B. Moderator, Führungskraft, Planer, Springer, Mitarbeiter)

Inhaltliche Workshop-Vorbereitung:
- Vorgespräche mit Workshopteilnehmern, Mitarbeitern und Betriebsrat führen
- Vorabbegehung für einen ersten Überblick zum Prozess durchführen
- Workshop-Agenda erstellen
- Bereichsvorstellung erstellen (z. B. Layout, Produkt, Varianten, Kennzahlen)
- Workshop-relevante Unterlagen aufbereiten bzw. zusammenstellen (z. B. Arbeitsplan, Zeichnungen, Kennzahlen)

Organisatorische Workshop-Vorbereitung:
- Termin festlegen, Raum organisieren und Einladungen verschicken
- Formblätter (z. B. Prozessdaten-Aufnahmeblatt) in ausreichender Anzahl ausdrucken und mitnehmen
- Infrastruktur bereitstellen (z. B. Beamer, Fotoapparat, Moderationskoffer, Brown Paper, Flipcharts)
- Catering bei Bedarf organisieren

Anlage 1: *Checkliste zur Vorbereitung eines Wertstrom-Workshops*

Tag 1	Tag 2	Tag 3
Begrüßung, Agenda (15 min) Workshop-Moderator	Begrüßung, Einleitung (15 min) Workshop-Moderator	Begrüßung, Einleitung (15 min) Workshop-Moderator
Zielsetzung, Vorstellung Bereich (0,5 h) Auftraggeber/Bereichsführungskraft	Wertstromanalyse, Istaufbereitung inkl. Kaizen-Blitze – Teil 2 (4 h) Wertstromexperte	Wertstromdesign, Erarbeitung Sollzustand – Teil 2 (2,5 h) Wertstromexperte
Theorie Wertstrommethode (1,5 h) Wertstrom-Experte		
Gruppen-/Rolleneinteilung und Istaufnahme vor Ort (Linewalk) (2,5 h) Alle Workshop-Teilnehmer	Wertstromdesign, Erarbeitung Sollzustand – Teil 1 (2,5 h) Wertstromexperte	Aufgabenpakete schnüren und Verantwortlichkeiten festlegen (2 h) Workshop-Moderator
Wertstromanalyse, Istaufbereitung inkl. Kaizen-Blitze – Teil 1 (2 h) Wertstromexperte		Vorbereitung der Managementpräsentation (1 h) Alle Workshop-Teilnehmer
		Ergebnisse dem Management präsentieren und Absprache weiterer Meilensteine (1h) Auftraggeber/Bereichsführungskraft
Feedback, Planung Folgetag (15 min) Workshop-Moderator	Feedback, Planung Folgetag (15 min) Workshop-Moderator	Feedback, Abschluss (15 min) Workshop-Moderator

Anlage 2: *Beispielhafte Agenda zur Durchführung eines dreitägigen Wertstrom-Workshops*

Prozess:
– Wie heißt der Prozess/was passiert hier?
– Wie viele Mitarbeiter sind hier beschäftigt?
– In wie vielen Schichten wird gearbeitet?
– Wie lange ist die Bearbeitungszeit?
– Wie hoch ist die Maschinenverfügbarkeit?
– Wie viele Varianten werden hergestellt?
– Wie hoch sind die wesentlichen Bestände (vorgelagert und nachgelagert)?
– Welche Ausschussrate ist momentaner Stand?
– Wie viel muss nachgearbeitet werden (Nacharbeitungsrate)?

Materialfluss:
– Woher kommt das Material/wo steht das Material zur Bearbeitung?
– Wie oft wird das Material bereitgestellt?
– Von wem wird das Material bereitgestellt?
– Wie viel von dem Material wird bereitgestellt (gelieferte Losgrößen)?
– Wie viel Material stellen Sie bereit (produzierte Losgrößen)?
– Wohin wird das Material gestellt, wenn es bearbeitet worden ist?

Informationsfluss:
– Woher kommt die Anweisung, welcher Auftrag bearbeitet werden soll?
– Was gibt den Anstoß zur Produktion?
– Welche Informationsmedien werden eingesetzt?
– Wie oft kommen diese Anweisungen?
– Wer erteilt die Anweisungen?
– Wer erhält Nachricht, dass der Auftrag erledigt ist?

Anlage 3: *Fragestellungen zur Datenaufnahme bei einer Wertstromanalyse*

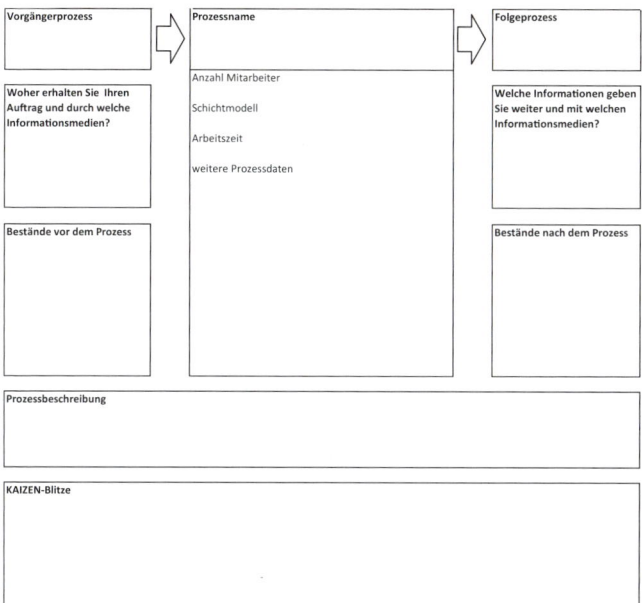

Anlage 4: *Prozessdaten-Aufnahmeblatt*

Symbole zur Darstellung von Prozess und Materialfluss

Kunde/Lieferant	Prozess 1 1 Mitarbeiter 1 Schicht BZ: 10 min Prozess	Bestand	LKW-Lieferung	Stapler-Transport
Push-Materialfluss	FIFO→ FIFO-Materialfluss	Supermarkt	Pull-Entnahme	Fertigproduktfluss
				Puffer-/ Sicherheitsbestand

Symbole zur Darstellung der Informationswelt

Produktionsplanung	manueller Informationsfluss	elektronischer Informationsfluss	Wochenplan	Produktions-KANBAN
Produktionsplanungssystem	Signal-KANBAN	gebündelte KANBANs	Produktionsplan	"Go-see"-Planung
Entnahme-KANBAN			KANBAN -Posten	OXOX Ausgleich Produktionsmenge/ mix (HEIJUNKA-Box)

weitere Symbole

KAIZEN-Blitz	Mitarbeiter	30% Rückfragen/Rückfragequote	

Anlage 5: *Übersicht der wesentlichen Wertstromsymbole*

Anlage 6: *PULM-Vorlage (Problem-Ursache-Lösung-Maßnahmen) zur Bearbeitung der Kaizen-Blitze*

Literatur

Erlach, K.: Wertstromdesign. Der Weg zur schlanken Fabrik. 2. Auflage, Springer, Berlin 2007.
http://www.sfb467.uni-stuttgart.de/veroeff/veroeff2C1/veroeff2C1.html

Kamiske, G. F.; Brauer, J.-B.: Qualitätsmanagement von A bis Z. 6. Auflage, Hanser, München 2008

Klevers, T.: Wertstrom-Mapping und Wertstrom-Design. Redline, Landsberg am Lech 2007

Kurz, J.: Für immer aufgeräumt: Zwanzig Prozent mehr Effizienz im Büro. GABAL, Offenbach 2007

Liker, J. K.: Der Toyota-Weg. FinanzBuch, München 2006

Möller, G.; Wittenstein, A.-K.: Goldmine Büro. In: REFA-Nachrichten. Heft 2/2005: Seite 30–32

Rother, M.: Kontinuierliche Fließfertigung organisieren. Lean-Management-Institut, Aachen 2004

Rother, M.: Sehen lernen. Mit Wertstromdesign die Wertschöpfung erhöhen und Verschwendung beseitigen. Lean-Management-Institut, Aachen 2004

Pocket Power – Qualität

Ensthaler
**Produkt- und Produzenten-
haftung – Mit Qualitäts-
sicherungsvereinbarungen**
128 Seiten
ISBN 978-3-446-40626-1

Die Vermeidung von Produkt- bzw. Produzentenhaftung ist
für Unternehmen von größter Bedeutung; dies gilt auch für
die Haftung innerhalb von Lieferbeziehungen. Dieser Band
stellt den komplizierten Bereich der Produkt- bzw. Produzentenhaftung und den der Qualitätssicherungsvereinbarungen
verständlich vor. Die Ausführungen sollen helfen, Strategien
zur Haftungsvermeidung wirksam aufzubauen.